普通高等教育"十二五"规划教材

智能控制技术简明教程

巩敦卫　孙晓燕　编著

国防工业出版社

·北京·

内容简介

本书主要阐述智能控制的基本内容,包括智能控制概述、模糊数学基础、模糊控制、人工神经网络基础、典型人工神经网络以及神经网络控制等。本书通过通俗的语言,简明扼要地阐述智能控制的基本理论和基本方法,并通过实例说明理论与方法的应用过程,以及给出了模糊控制和神经网络控制方法的 Matlab 实现。

本书可作为高等院校自动化、电气工程与自动化、自动控制、机电工程、信息电子工程、计算机应用等专业高年级本科生和控制科学与工程硕士研究生的智能控制教材,也适合于从事工业自动化领域的工程技术人员阅读。

图书在版编目(CIP)数据

智能控制技术简明教程/巩敦卫,孙晓燕编著.—北京:国防工业出版社,2017.4 重印
普通高等教育"十二五"规划教材
ISBN 978-7-118-06987-7

Ⅰ.①智… Ⅱ.①巩…②孙… Ⅲ.①智能控制 - 高等学校 - 教材 Ⅳ.①TP273

中国版本图书馆 CIP 数据核字(2010)第 151381 号

※

国防工业出版社 出版发行
(北京市海淀区紫竹院南路 23 号 邮政编码 100048)
涿中印刷厂印刷
新华书店经售

*

开本 787 × 1092 1/16 印张 11 字数 252 千字
2017 年 4 月第 1 版第 3 次印刷 印数 4502—6501 册 定价 24.00 元

(本书如有印装错误,我社负责调换)

国防书店:(010)88540777 发行邮购:(010)88540776
发行传真:(010)88540755 发行业务:(010)88540717

序

　　控制理论经过了经典控制理论和现代控制理论两个具有里程碑的重要阶段,在科学理论和实际应用上都取得了辉煌的成就,这是有目共睹的。当前,国内外控制界都把复杂系统的控制作为控制科学与工程学科发展的前沿方向。大型复杂工业过程作为重要的背景领域,以其特有的复杂性推动着这一学科的发展。在过去的几十年里,以模糊推理、神经网络等为主要内容的智能控制技术取得了长足的发展,在一些复杂大系统、对象解析模型难以建立的系统控制中发挥着重要作用,因而也引起了众多研究者的关注。

　　目前根据实际系统的控制需要,在模糊推理、神经网络等智能控制理论和方法方面取得了很多成果,也有很多的出版物,在控制领域已出版了很多书籍。由巩敦卫教授和孙晓燕副教授编著的《智能控制技术简明教程》一书,其主要特点就是"简明",能够精辟地把一个方向的主要理论和方法凝练成一本教材并不是容易的事情,这与做该方面的学术研究工作也有很大的不同。学术研究是要搞清楚各种方法有何特点、不同之处以及对于不同问题的针对性,在此基础上再发展新的方法,而编著教材是把该领域的共性理论和方法加以概括,使得学生从初学者的角度掌握要领,学到精髓,因而做好学术研究是编著教材的重要基础。本书作者具有多年在智能控制领域的研究工作积累,并有多年的教学工作经验,了解学生们的需求,使本书具有较好的针对性,做到了该讲的要讲清楚,不适合给学生阶段讲的不讲,不求多而全。

　　因为智能控制这一领域还在不断发展,不可能把所有的方法传授给学生,所以教师传授知识给学生要授人以渔,使学生能够学到课程的精髓,在日后的学习与研究中掌握智能控制这门课程的学术思想和研究方法。本书配合一些典型实例加上 Matlab 的 Toolbox 程序,使学生能够针对书中讲授的方法进行学中做,做中学,从而深刻领会这门课程的核心。智能控制在电子计算机、先进制造、能源动力、生物信息,以及社会经济、智能交通等领域有着广泛的应用,这些领域的需求也不断推动着智能控制的不断发展。我们期待着本书对于推动智能控制课程的教学和有关的学术研究起到重要的促进作用。

李少远　谨祝

上海交通大学自动化系

前　言

　　智能控制是近 40 年来得到国内外学者广泛关注,并取得丰硕研究成果的控制理论与方法。如何将智能控制的基本理论与方法以通俗的形式介绍给学生,是我们一直思考的问题。尽管从事多年的智能控制研究与教学工作,但编写一本容易学习和理解的教材对我们来讲仍是一个很大的挑战。在多年教学讲义的基础上,参考国内外同行编著的教材和专著,我们开始尝试《智能控制技术简明教程》的编写工作。

　　智能控制涉及的内容很多,但由于学时有限,我们只能在教材中阐述其核心内容。鉴于模糊控制和神经网络控制近年来已经取得了丰硕的研究成果,因此,本教材除了简要介绍智能控制的基本内容外,重点阐述了模糊控制和神经网络控制的基本理论和基本方法,内容包括智能控制概述、模糊数学基础、模糊控制、人工神经网络基础、典型人工神经网络、神经网络控制等。

　　全书共分 6 章:第 1 章至第 4 章由巩敦卫教授编写,第 5 章至第 6 章由孙晓燕副教授编写,书中所有的 Matlab 程序由孙晓燕副教授提供。在编写过程中,我们力求通过通俗的语言,简明扼要地阐述智能控制的基本理论和基本方法,并通过实例说明理论与方法的应用过程。此外,还给出了模糊控制和神经网络控制方法的 Matlab 实现。

　　在教材编写过程中,得到国家杰出青年基金获得者、上海交通大学博士生导师李少远教授多方面的指导,李老师在百忙之中不但仔细地审阅了全部书稿,提出了许多非常中肯的建议和意见,而且欣然为本书作序,令我们深受鼓舞。我院副院长、博士生导师李明教授非常关心教材的编写进展,并对教材的内容安排提出了许多具体意见。作为国家级教学团队首席负责人,王香婷教授也很关心教材的编写和出版工作,她的大力帮助大大缩短了教材的出版时间。作为"智能控制技术"课程组的主要授课教师,虽然王雪松教授没有亲自撰写教材的章节,但对各章内容的安排都提出了十分详细并富有建设性的意见。此外,张勇博士也花了大量时间对教材的语言进一步润色;秦娜娜硕士提供了教材的很多素材;国防工业出版社江洪湖编辑为本书的出版做了大量辛苦的工作,在此一并表示衷心感谢!

　　由于作者学识水平和可获得资料的限制,书中的缺点和错误在所难免,敬请同行专家和读者批评指正!

作　者

于中国矿业大学

目　录

第一章　智能控制概述

智能控制是一门新兴的边缘交叉学科,是自动控制发展的高级阶段,是当今国内外自动化学科十分活跃且具有很大挑战性的领域之一。对于一个新的学科,人们自然要问如下问题:智能控制是如何产生的? 什么样的系统才是智能控制系统? 对这类系统,有哪些特殊问题需要研究? 在研究过程中,需要采用什么工具和方法等。

本章将概要地介绍智能控制的基础知识,包括智能控制提出的背景、基本概念、发展过程、系统构成、主要特点、典型的智能控制技术、主要研究内容以及常用的研究工具等,目的是使读者对智能控制有一个整体性的最基本的认识,从而为后续章节的深入学习奠定良好的基础。

第一节　智能控制的提出

鉴于智能控制是自动控制发展的高级阶段,为了更好地阐述智能控制提出的背景,有必要回顾一下自动控制的产生和发展过程。

一、自动控制的产生

自动控制理论的产生,可以追溯到 18 世纪中叶英国的第一次工业技术革命。1765年,英国机械师瓦特(J. Watt)改进了蒸汽机,使冷凝器与汽缸分离。1788 年,他发明了离心式调速器,并用于控制蒸汽机的阀门,标志着人类以蒸汽为动力机械化时代的开始。

由于稳定是一个控制系统能够正常工作的前提,因此,采用合适的理论与方法研究自动控制系统的稳定性是十分必要的。

1868 年,英国物理学家麦克斯韦尔(J. C. Maxwell)在论文"论调节器"中指出,控制系统可以用微分方程描述,其稳定性可以用微分方程特征根的位置反映,从而将控制系统稳定性的判定转化为求取相应的微分方程的特征根。

但是,对于高阶控制系统,求取其特征根是十分困难甚至不可能的。因此,人们希望在不求取控制系统特征根的前提下直接判定其稳定性。为此,英国数学家劳斯(E. J. Routh)和德国数学家胡尔维茨(A. Hurwitz)分别于 1877 年和 1895 年先后独立找到了高阶线性系统稳定性的代数判据,该判据根据描述控制系统的微分方程的系数,直接判定其特征根的位置。

对于一般的控制系统,1892 年,俄国数学家李雅普诺夫(A. M. Lyapunov)在博士论文"运动稳定性的一般问题"中,用李雅普诺夫函数的正定性及其导数的负定性判定其稳定性,发展了控制系统的时域分析方法。

除了时域分析方法以外,以实验为基础的频域分析方法也是研究自动控制系统的重

1

要方法。

1932年，美籍瑞典科学家奈奎斯特(H. Nyquist)在论文"反馈放大器稳定性"中，根据频率响应判断反馈系统的稳定性，即奈奎斯特判据。1938年，苏联电气工程师米哈依洛夫(А. В. МИХаИЛОВ)应用图解分析方法判断系统的稳定性，把奈奎斯特判据推广到条件稳定和开环不稳定系统。

第二次世界大战期间，由于军事上的需要，雷达及火力控制系统有了较大的发展，频率响应分析方法被推广到离散控制系统、随机过程以及非线性控制系统中。

美国著名的控制论创始人维纳(N. Wiener)系统总结了前人的研究成果，于1948年出版了著作《控制论——或关于在动物和机器中控制和通信的科学》，论述了控制理论的一般方法，推广了反馈的概念，为控制理论的发展奠定了基础。

二、自动控制的发展

概括地讲，控制理论的发展过程可以分为古典控制理论、现代控制理论以及大系统理论与智能控制3个阶段。

1. 古典控制理论

第一阶段是古典(经典)控制理论时期，时间大约为20世纪30年代至50年代。

古典控制理论主要研究单输入单输出线性系统，这类系统通常采用常系数线性微分方程或传递函数描述，主要基于根轨迹方法和频率响应方法对系统进行分析和综合。

这一时期的主要代表人物除了奈奎斯特等人以外，还有美国的伯德(H. W. Bode)和伊文斯(W. R. Evans)。其中，伯德于1945年出版了《网络分析和反馈放大器设计》一书，提出了简便而实用的伯德图法；伊文斯于1948年提出了直观而又简便的根轨迹法，并在控制工程上得到了广泛应用。

古典控制理论能够较好地解决单输入单输出反馈控制系统的建模、分析与设计问题，但它具有明显的局限性，尤其是它难以有效地应用于时变系统和多变量系统，也难以揭示系统更为深刻的特性。

2. 现代控制理论

第二阶段是现代控制理论时期，时间大约为20世纪50年代至70年代。

在这个时期，古典控制理论已经成熟。同时，由于计算机技术的飞速发展，以及所需要控制的系统不再是简单的单输入单输出线性系统，使得控制理论由古典控制理论向现代控制理论过渡。

现代控制理论主要研究多输入多输出系统，可以是线性的，也可以是非线性的；可以是定常的，也可以是时变的；可以是连续的，也可以是离散的。系统分析的数学工具主要是状态空间描述方法，控制器的设计主要基于状态反馈。

在这一时期，主要代表人物有苏联数学家庞特里亚金(Pontryagin)、美国数学家贝尔曼(R. Bellman)，以及美籍匈牙利数学家卡尔曼(R. E. Kalman)。其中：庞特里亚金于1958年提出了用于最优控制的极大值原理；贝尔曼于1954年创立了动态规划，在1956年应用于控制过程，解决了空间技术中出现的复杂控制问题，并开拓了现代控制理论中最优控制理论这一新的领域；1960年，卡尔曼等发表了关于线性滤波器和估计器的论文，提出了系统的能控性、能观性以及系统分解理论。以上理论成为现代控制理论的三大基石。

此外,20世纪70年代初,瑞典的奥斯特隆姆(K. J. Astrom)教授和法国的朗道(L. D. Landau)教授在自适应控制理论与应用方面也取得了非常出色的研究成果。

3. 大系统理论与智能控制

第三阶段是大系统理论与智能控制时期,时间大约为20世纪70年代末至今。

20世纪70年代末,控制理论向着大系统理论与智能控制方向发展,其中前者是控制理论在广度上的开拓;而后者则是控制理论在深度上的挖掘。

大系统理论利用控制和信息的观点,研究各种大系统的结构方案、总体设计中的分解方法和协调等问题。

智能控制研究与模拟人类智能活动及其控制与信息传递过程的规律,研制具有某些仿人智能的工程控制与信息处理系统。

三、智能控制的产生

智能控制的概念和原理主要针对被控对象、环境,以及控制任务的复杂性提出的。计算机科学、人工智能、信息科学、思维科学、认知科学以及人工神经网络的连接机制等方面的新进展和智能机器人的工程实践,从不同角度为智能控制的诞生奠定了必要的理论和技术基础。

1. 控制系统的复杂性

被控对象的复杂性主要表现为模型的不确定性、高度非线性、动态突变性、多时间标度、复杂的信息模式以及庞大的数据量。

环境的复杂性主要是以其变化的不确定性和难以辨识为特征的。在传统控制中,往往只考虑控制器和被控对象组成的独立体系,而忽略了环境的影响。现在的大规模复杂控制与决策问题,必须把外界环境和被控对象,以及控制器作为一个整体进行分析和设计。

对于控制任务,以往采用数学语言描述,这种描述经常是不精确的。实际上,控制任务有多重性和时变性。一个复杂任务的确定,需要多次反复,而且还包括任务所含信息的处理过程。

2. 传统控制理论与方法解决的难度

对于含有复杂的被控对象、环境,以及任务的控制系统,采用传统的控制理论和方法去解决是不可能的,主要有如下原因。

1) 缺乏合适的系统描述方法

在传统的控制理论中,控制系统的描述通常采用微分方程或差分方程,是一个精确模型,对控制系统的分析和设计也基于这个精确模型。

迄今为止,还不存在直接采用工程技术术语描述系统,并基于该描述分析与设计系统的方法,这使得从工程技术术语到数学描述的转化尤为必要。在转化过程中,虽然对被解决的问题做了很多简化,但同时也失去了原来被解决问题的很多信息。

随着科学技术的发展,出现了很多必须采用工程技术术语描述的新型复杂系统,如家庭陪护机器人、柔性制造系统、智能信息检索系统等。这些系统的一个十分重要的特点:在计算机的支持下,它们会思考、推理,而且能部分实现人的智能。

对于这些系统,采用传统的数学语言去描述,并基于该描述分析和设计就显得无能为力了。因此，必须寻求新的系统描述方法。

2）缺乏有效的处理不确定性的理论与方法

传统的控制理论虽然也有办法处理被控对象和环境的不确定性和复杂性，以达到优化控制的目的，如自适应控制和鲁棒控制。

自适应控制通过自动调节控制器的参数，使控制器与被控对象和环境达到良好的匹配，以削弱不确定性的影响。从本质上讲，自适应控制是通过对被控系统的某些重要参数的估计，以补偿的方法克服环境干扰和不确定性，因此比较适合于参数在一定范围内缓慢变化的系统控制问题。

鲁棒控制是在一定的外部干扰和内部参数变化的作用下，以提高系统的不灵敏度为宗旨抵御不确定性的。通常，设计的控制器的鲁棒区域是很有限的。

在实际应用中，尤其在工业过程控制中，由于被控对象的高度非线性、数学模型的不确定性，以及系统工作点变化剧烈等因素，自适应控制和鲁棒控制存在着难以弥补的严重缺陷，应用的有效性受到很大限制，这促使人们研究新的控制理论和方法。

3）缺乏有针对性的系统信息获取与处理方法

传统控制系统的输入输出及状态信息比较单一，而现代的复杂系统要以各种形式的信息，如图形、文字、语音以及传感器感知的物理量等作为系统的输入；此外，需要将各种信息融合、分析和推理后，根据环境与条件的变化采取相应的策略或行动。

对于这些类型复杂的系统信息，采用什么工具和方法进行有效的处理，以满足控制系统的需求还是一个开放的问题。

3. 与人的经验知识结合的必要性

对于上述复杂系统，难道就没有有效的解决方法吗？并非如此！人们在实践中观察到，人类具有很强的学习和适应环境的能力。对于某些复杂的系统，凭人的知觉和经验能够很好地操作，并达到理想的控制效果。例如，在餐桌上用筷子很容易夹到要吃的食物，并轻而易举地放入口中。试想，如果把这一系列动作和环境建立精确的模型，然后再一步一步地按模型去操作，可以想象，该过程是多么复杂，而又多么难以实现。

于是，人们得到启发：如何将人的经验知识和控制理论有机地结合起来，以解决复杂系统的控制问题。这样，一种新的控制理论——智能控制就诞生了。

第二节　智能控制的基本概念

"智能控制"这个术语早在 1967 年由利昂兹（Leondes）等人提出。

一、智能控制的结构理论

1. 智能控制的二元交集结构

1971 年，美籍华裔模式识别与机器智能专家、普渡大学傅京孙（K. S. Fu）教授通过对含有拟人控制器的控制系统和自主机器人的研究，以"智能控制"这个词概念性地强调了系统的问题求解和决策能力，把智能控制概括为自动控制和人工智能的交集，称为智能控制的二元交集结构，如图 1.2.1 所示。

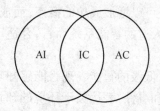

图 1.2.1　智能控制的二元交集结构

其中：

AI 为人工智能，是一个用来模拟人思维的知识处理系统，具有记忆、学习、信息处理、形式语言表示，以及启发推理等功能；

AC 为自动控制，是一个能按照规定程序对机器或装置进行自动操作或控制的系统。

可以看出，傅京孙主要强调人工智能中仿人概念与自动控制的结合。

2. 智能控制的三元交集结构

1977 年，萨里迪斯（G. N. Saridis）等人从机器智能的角度出发，对傅京孙的二元交集结构进行了扩展，引入了运筹学，提出了三元交集的智能控制概念，如图 1.2.2 所示。

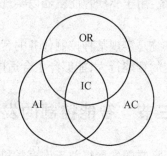

图 1.2.2　智能控制的三元交集结构

其中：

OR 为运筹学，是一种定量优化方法，包括数学规划（又包含线性规划、非线性规划、整数规划以及组合规划等）、图论、网络流、决策分析、排队论、可靠性数学理论、库存论、对策论、搜索论以及模拟等内容。

三元交集结构强调了更高层次控制中调度、规划与管理的作用，为其递阶智能控制的提出奠定了基础。

1987 年，中南大学蔡自兴教授把信息论融合到上述三元交集结构中，提出了智能控制的四元交集结构。

二、基本概念

智能控制至今尚没有一个公认的统一定义，但为了探究本学科的概念和技术，开发智能控制新方法，对智能控制有某些共同的理解是非常必要的。

1. 智能

阿尔布斯（J. S. Albus）对"智能"的定义：在不确定的环境中做出合适动作的能力。

这里,合适动作是指该动作可以增加成功的概率,而成功就是达到行为的子目标,以支持系统实现最终的目标。对人造的智能系统而言,合适动作就是模仿生物或人类思想行为的功能。

智能有不同的程度或级别,低级的智能表现为能感知环境,做出决策和控制行为;较高级的智能表现为能辨识对象和事件,表达关于环境的知识,并对未来做出合理的规划;高级的智能表现为具有理解和觉察能力,能在复杂甚至险恶的环境中进行明智的选择,做出成功的决策,以求生存和进步。

2. 智能控制

IEEE 控制系统协会将智能控制总结为:智能控制必须具有模拟人类学习和自适应的能力。

定性地讲,智能控制应具有学习、记忆和大范围的自适应和自组织能力;能够及时地适应不断变化的环境;能够有效地处理各种信息,以减小不确定性;能够以安全和可靠的方式进行规划、生产和执行控制动作,而达到预定的目标和良好的性能指标。

3. 智能控制系统

萨里迪斯定义智能控制系统:用于驱动智能机器以实现其目标,而无需操作人员干预的系统。

也可以这样说,智能控制系统是实现某种控制任务的智能系统。而智能系统是,对于一个问题的输入,系统具备一定的智能行为,能够产生合适的求解问题的响应。

第三节　智能控制的发展

智能控制是一门新兴的学科,它的发展得益于许多学科,如人工智能、认知科学、自适应控制、最优控制、神经网络、模糊逻辑、学习理论以及生物控制等,每一个学科均从不同侧面部分地反映了智能控制的理论与方法。

从 20 世纪 60 年代至今,智能控制的发展过程可以粗略地划分为如下 3 个阶段,即萌芽期、形成期和发展期。

一、萌芽期(约 20 世纪 60 年代)

智能控制思潮第一次出现于 20 世纪 60 年代。20 世纪 60 年代初,史密斯(F. W. Smiths)首先采用模式识别器学习最优控制方法,试图采用模式识别技术解决复杂系统的控制问题。1965 年,美国加利福尼亚大学伯克利分校的控制论专家扎德(L. A. Zadeh)教授发表了著名论文"模糊集合",创立了模糊集合理论,为解决复杂系统的控制问题提供了强有力的数学工具;同年,美国科学家费根鲍姆(Feigenbaum)着手研制世界上第一个专家系统;也在同年,傅京孙把人工智能的启发式推理规则用于学习控制系统。

1966 年,门德尔(J. M. Mendel)进一步在空间飞行器的学习控制系统中应用了人工智能技术,并提出了人工智能控制的概念。

1967 年,利昂兹等首先正式使用"智能控制"一词,并把记忆、目标分解等一些简单的人工智能技术应用于学习控制系统,提高了系统处理含有不确定性问题的能力。

6

二、形成期(约20世纪70年代)

1971年,傅京孙等从控制论的角度进一步总结了人工智能与自适应、自组织,以及自学习控制的关系,提出了智能控制就是人工智能技术与自动控制理论的交叉。他在论文"学习控制系统和智能控制系统:人工智能与控制的交叉"中归纳了如下3种类型的智能控制系统。

1. 人作为控制器的控制系统

由于人具有识别、决策和控制等功能,因此对于不同的控制任务、不同的被控对象以及环境,具有自学习、自适应和自组织的功能,能自动采取不同的控制策略以适应不同的情况。

2. 人机结合作为控制器的控制系统

在这样的系统中,机器完成那些连续进行的、并需要快速计算的常规控制任务;人则主要完成任务分配、决策以及监控等任务。

3. 无人参与的自主控制系统

最典型的例子是自主机器人。这时的自主式控制器需要完成问题求解和规划、环境建模、传感信息分析以及底层的反馈控制任务。

20世纪70年代中期,以模糊集合论为基础,从模仿人的控制和决策出发,智能控制在基于规则的控制上取得了重要的进展。1974年,英国伦敦大学玛丽皇后分校的玛丹尼(E. H. Mamdani)教授成功地将模糊集和模糊语言逻辑用于蒸汽机控制,开创了模糊控制的新方向。

1977年至1979年,萨里迪斯出版了专著《随机系统的自组织控制》,并发表了综述论文"朝向智能控制的实现",全面地论述了从反馈控制到最优控制、随机控制及至自适应控制、自组织控制、学习控制,最终向智能控制发展的过程,提出了智能控制的三元交集结构以及分层递阶的智能控制系统框架。

1979年,玛丹尼成功地研制出自组织模糊控制器,使得模糊控制器具有了较高的智能。模糊控制的形成和发展,以及与人工智能中的产生式系统、专家系统的相互渗透,对智能控制理论的形成起到了十分重要的推动作用。

三、发展期(约20世纪80年代以后)

20世纪80年代以来,微型计算机的迅速发展以及专家系统技术的逐渐成熟,使得智能控制和决策的研究及应用领域逐步扩大,并取得了一批应用成果。

1982年,Fox等人完成了一个称为智能调度信息系统(ISIS)的加工车间调度专家系统,该系统采用启发式搜索技术和约束传播方法,以减少搜索空间,确定最佳调度方法。

1982年,Hopfield根据神经网络的非线性微分方程,引入能量函数的概念,使神经网络的平衡稳定状态有了明确的判定方法。此外,他还利用模拟电路的基本元件构造了人工神经网络的硬件原理模型,为神经网络的硬件实现奠定了基础。

1983年,萨里迪斯把智能控制用于机器人系统;同年,美国西海岸人工智能风险企业发表了名为Reveal的模糊决策支持系统,在计算机运行管理和饭店经营管理方面取得了很好的应用效果。

1984 年,LISP Machine 公司设计了用于过程控制系统的实时专家系统 PICON。

1986 年,M. Lattimer 和 Wright 等人开发的混合专家系统控制器 Hexscon 是一个实验型的基于知识的实时控制专家系统,用来处理军事和现代化工业中出现的控制问题;同年,鲁梅哈特(D. E. Rumelhart)和麦克莱朗德(J. L. McClelland)提出了多层前向神经网络的偏差反向传播算法,即 BP 算法,实现了有导师指导下的网络学习,从而为神经网络的应用开辟了广阔的前景。

1987 年,美国 Foxboro 公司公布了新一代 IA 系列智能控制系统。这种系统体现了传感器技术、自动控制技术、计算机技术,以及过程知识在生产自动化应用方面的综合先进水平,能够为用户提供安全可靠的最合适的过程控制系统,标志着智能控制系统已由研制、开发阶段转向应用阶段。

20 世纪 90 年代以后,智能控制的研究势头异常迅猛,智能控制进入应用阶段,应用领域由工业过程控制扩展到军事、航天等高科技领域或日用家电领域。模糊控制技术的发展如日中天,各种模糊控制商品相继问世,如模糊洗衣机、模糊空调机等;专家系统的研究方兴未艾,各种专家系统陆续在许多行业得到应用,如石油价格预测专家系统、地震预报专家系统、水质勘测专家系统,以及各种故障诊断专家系统等。神经网络的发展也日新月异,美国的 Hecht-Nielsen 神经计算机公司已经开发了两代神经网络软硬件产品。此外,IBM 公司推出的神经网络工作站也已进入市场。

近年来,与智能控制相关的学术组织得到快速的发展,推动了智能控制理论与应用的进一步深入研究。

1. 国外的学术组织

1985 年 8 月,IEEE 在纽约召开了第一届智能控制学术讨论会,来自美国各地的 60 位研究自动控制、人工智能,以及运筹学的专家学者参加了会议。会上集中讨论了智能控制的原理和智能控制系统的结构,这标志着智能控制作为一个学科分支正式被学术界接受。此后不久,在 IEEE 控制系统学会内部成立了智能控制专业委员会。

1987 年 1 月,IEEE 控制系统学会和计算机学会在费城联合召开了智能控制国际会议。这是有关智能控制的第一次国际会议,来自美国、欧洲、日本、中国,以及其他发展中国家的 150 余位代表出席了这次学术盛会。提交大会报告和分组宣读的 60 多篇论文以及专题讨论显示出智能控制的长足进展。同时,也说明了由于新的技术问题的出现以及相关技术问题的发展,需要重新考虑控制领域和相关学科。这次会议表明,智能控制作为一门独立学科正式在国际上建立起来。

1994 年 6 月,在美国奥兰多召开了第一届全球计算智能大会。将模糊系统、神经网络与进化计算等三方面的内容综合在一起召开,引起了国际学术界的广泛关注,这三门学科已经成为研究智能控制的重要基础。此后,该会议分别于 1998 年、2002 年、2006 年、2008 年,以及 2010 年召开了 5 届,成为智能控制界非常有影响的国际会议之一。

美国《IEEE 控制系统》期刊于 1991 年、1993—1995 年多次出版了智能控制专辑;英国《国际控制》期刊于 1992 年也出版了智能控制专辑;日本《计测与控制》杂志于 1994 年出版了智能系统专辑;德国《电子学》杂志自 1991 年以来连续出版了多篇模糊逻辑控制和神经网络方面的论文;俄罗斯《自动化与遥控技术》杂志于 1994 年也出版了自适应控制的人工智能基础和神经网络方面的研究论文。

从发表的论文可以看出,智能控制研究涉及的领域相当广泛,从高技术的航天飞机推力矢量的分级智能控制、空间资源处理设备的高自主控制到智能故障诊断,从轧钢机、汽车喷油系统的神经网络控制到家电产品的神经模糊复合控制。

2. 我国的学术组织

近年来,智能控制理论与应用也引起了我国学者的广泛重视。

1993 年,在北京召开了第一届全球智能控制与智能自动化大会。此后,该会议又分别在西安、合肥、上海、杭州、大连、重庆以及济南等地成功召开了七届。

国内有影响的会议还有中国科学院智能机械研究所主办的智能计算国际会议,该会议分别在合肥、昆明、青岛、上海、蔚山(韩国)以及长沙成功召开了六届。此外,还有自然计算与模糊系统和知识发现联合会议,前者已成功召开了六届,而后者已成功召开了七届。

1995 年,中国智能自动化学术会议暨智能自动化专业委员会成立大会在天津召开。

其他相关的学术组织还有:中国人工智能学会智能控制与智能管理专业委员会和智能机器人专业委员会、中国自动化学会智能自动化专业委员会、中国运筹学会智能计算专业委员会等。

与智能控制相关的期刊,除了《自动化学报》、《控制理论与应用》、《控制与决策》、《信息与控制》以外,还有《模式识别与人工智能》、《机器人》、《智能系统学报》等。

可以讲,我国从事智能控制研究和应用的科技人员已经成为国际智能控制界的一支非常活跃的主力军,智能控制研究水平已经得到国际学术界的广泛认可。

第四节　智能控制的构成

一、智能控制系统的典型结构

智能控制系统典型的原理结构如图 1.4.1 所示。

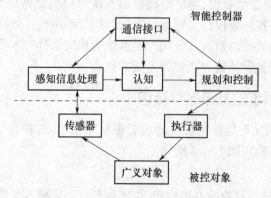

图 1.4.1　智能控制系统的原理结构

1. 广义对象

广义对象包括通常意义下的被控对象和外部环境。对于不同的控制系统,被控对象是不同的,相应地,其所处的环境也是不同的。对于温度模糊控制系统,广义对象是锅炉。

2. 传感器

传感器用来检测被控对象的输出信息。根据作用不同,可分为位置传感器、力传感器、视觉传感器、距离传感器、温度传感器、触觉传感器等。不同的传感器采集到的信息类型是不同的。信息类型的多样化,增加了信息采集和处理的难度。对于温度模糊控制系统,通常采用温度传感器测量锅炉的温度。

3. 感知信息处理

感知信息处理将传感器得到的原始信息加以处理。对于温度模糊控制系统,主要是将测量的实际炉温与设定的炉温比较,以确定实际炉温是偏高、偏低还是近似相等。通常,将温度从基本论域映射到模糊论域中,并在模糊论域中比较。

4. 认知

认知主要用来接收和储存信息、知识、经验和数据。在温度模糊控制系统中,认知对应于模糊控制器的知识库,包数据库和规则库,其中,数据库用来存放模糊集的特征参数;规则库用来存放模糊规则。

5. 通信接口

通信接口除建立人机之间的联系外,还建立系统中各模块之间的联系。

6. 规划和控制

规划和控制是整个系统的核心,它根据给定的任务要求、反馈的信息以及经验知识进行自动搜索、推理决策、动作规划,最终产生具体的控制作用。对于温度模糊控制系统,规划和控制相当于模糊推理与解模糊化。其中,模糊推理产生模糊控制输出,是一个模糊集,还不能直接用于被控对象;解模糊化将上述模糊集通过一定的策略转化为精确的控制信号。

7. 执行器

执行器是控制系统的执行部件,与传统的控制系统完全相同。在温度模糊控制系统中,执行器是电压调节器。

从图 1.4.1 可以清楚地看出,整个智能控制系统可以粗略地分为被控对象和智能控制器两大部分,其中被控对象由广义对象、传感器、执行器构成,与传统的控制系统的相应部分没有任何差别;智能控制器与传统的控制系统的相应部分有本质差别,其设计要复杂得多。因此,智能控制器设计是智能控制系统的核心。

二、智能控制系统的分级递阶结构

1977 年,萨里迪斯从智能控制系统的功能模块结构出发,提出了分级递阶结构的智能控制系统,其组成结构如图 1.4.2 所示。

1. 执行级

执行级一般需要被控对象的准确模型,以实现具有一定精度要求的控制任务,因此采用常规自动控制实现。

2. 协调级

协调级用来协调执行级的动作,它不需要精确的模型,但需要具备学习功能,以便在

10

再现的控制环境中改善性能,并能接收上一级的
模糊指令和符号语言。该级通常采用人工智能和
运筹学的方法实现。

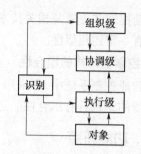

3. 组织级

组织级将操作员的自然语言翻译成机器语
言,进行组织决策和任务规划。该级一般采用人
工智能的方法实现。

图 1.4.2　智能控制系统的分层递阶结构

由图 1.4.2 可以看出,在分级递阶结构中,下
一级可以看成上一级的广义被控对象,而上一级
可以看成下一级的智能控制器,如协调级既可以看成组织级的广义被控对象,又可以看成
执行级的智能控制器。

由图 1.4.2 还可以看出,为了更好地获取上一级的信息并控制相应的广义被控对象,
每级都具有识别功能,但不同级识别的目的是不同的:

对于执行级,识别的功能在于获得不确定的参数值或监督系统参数的变化。

对于协调级,识别的功能在于根据执行级送来的测量数据和组织级送来的指令,产生
合适的协调作用。

对于组织级,识别的功能在于翻译用定性语言描述的命令和其他的输入。

这种分层递阶结构的特点是:对控制而言,自上而下控制的精度越来越高;对识别而
言,自下而上信息的反馈越来越粗糙,相应的智能程度也越来越高,即所谓的"控制精度
递增伴随智能递减"。

目前,这种分级递阶结构已经成功地应用于机器人的智能控制、交通系统的智能控制
以及管理等领域。

第五节　智能控制的特点

一、结构特点

1. 被控对象描述的混合性

在智能控制系统中,被控对象通常存在复杂性、非线性、时变性、不确定性以及不完全
性,因此一般无法获得其精确的数学模型。这样一来,采用以知识表示的非数学广义模型
和以数学模型表示的混合模型表示该被控对象是比较合适的。这使得在分析和设计智能
控制系统时,没有必要把过多的精力放在对被控对象数学模型的建立上,而应放在对控制
任务和被控对象的描述、环境的识别上。

2. 信息处理的层次性

智能控制系统具有分层的信息处理机制,不同层处理的信息内容不同。在进行优化
或决策时,考虑的优化目标以及满足的约束不同。其中,控制的核心在高层(组织层),它
对环境或过程进行组织、决策和规划,以实现广义问题求解。

为了实现上述任务,需要采用符号信息处理、启发式程序设计、仿生计算、知识表示,

以及自动推理和决策等相关技术。这些问题的求解过程与人脑的思维过程或生物的智能行为具有一定的相似性。

3. 控制器结构的组合性

在智能控制系统中,常采用开环控制或定性与定量控制相结合的多模态控制方式,因此控制器的结构具有组合性。这使得智能控制器通常是非线性的,其结构是变化的。

二、功能特点

1. 学习能力

一个系统,如果能对过程或其环境的未知特征进行学习,并将得到的经验用于进一步估计、分类、决策或控制,从而使系统的性能得以改善,那么,就称该系统具有学习能力。通过智能控制的定义可以清楚地看出,智能控制器具备学习能力。

2. 适应能力

智能控制器实质上是一种从输入到输出的映射,可以看成是不依赖于模型的自适应估计系统,因此具有很好的适应能力。当系统的输入不是学习过的例子时,由于它具有很好的泛化能力,从而也可以给出合适的输出。即使在某一部分出现故障时,系统也能够自修复,从而保证正常工作。这一点从神经网络控制器可以清楚地看出。

3. 组织能力

智能控制器对于复杂的任务和分散传感信息具有自行组织和协调的能力,这种组织行为还表现为系统具有相应的主动性和灵活性,即可以在任务要求的范围内自行决策,主动采取行动。当出现多个目标冲突时,控制器在一定约束条件下自行解决。

三、学科特点

1. 多学科交叉性

智能控制是自动控制、人工智能、运筹学等多学科交叉的边缘学科,因此上述学科的发展将为智能控制的深入研究提供理论指导和技术支持。同时,在智能控制的研究过程中,也会提出新的问题,这为上述学科的发展提供了新的机遇。

2. 理论的薄弱性

智能控制是一个新兴的研究领域,智能控制学科的建立才40多年,仍处于年轻时期,其理论还很不成熟、很不完善,因此需要进一步深入的探索与开发。

第六节　智能控制的分类

智能控制至今没有统一的分类方法,目前,按其作用原理可以分成如下几类。

一、基于模糊推理的智能控制

简称模糊控制,借助模糊数学模拟人的思维方法,将工艺操作人员的经验加以总结,运用语言变量和模糊逻辑理论进行推理和决策,实现对复杂对象的控制。

模糊控制既不是指被控对象是模糊的,也不意味着控制器是不确定的,它表示知识和概念上的模糊性,它完成的工作是完全确定的。

1974年,玛丹尼教授首次将模糊集和模糊语言逻辑用于蒸汽机控制,开创了模糊控制的新方向。对于大时滞、非线性等难以建立精确模型的被控对象,通过计算机实现模糊控制,往往能取得很好的效果。

模糊控制的有效性可以从如下两个方面来考虑:

(1)模糊控制提供了一种实现基于知识(基于规则)甚至语言描述的控制规律的新机理;

(2)模糊控制提供了一种改进非线性控制器的替代方法,这些非线性控制器一般用于控制含有不确定性和难以用传统非线性控制理论处理的过程。

模糊控制器由模糊化、规则库、模糊推理和去模糊化等4个功能模块组成。模糊控制单元首先将输入信息模糊化,然后经模糊推理给出模糊输出,最后将模糊输出解模糊化,控制操作变量。

到目前为止,模糊控制已经得到了十分广泛的应用(更详细的内容请参阅第三章)。

二、基于神经网络的智能控制

(人工)神经网络采用仿生学的观点和方法,研究人脑和其他智能系统中的高级信息处理,它是由很多神经元按并行结构经过可调的连接权构成的网络。典型的神经网络有多层前馈神经网络、径向基函数网络、Hopfield网络等。

基于神经网络的智能控制,简称神经控制,是智能控制的一个较新的并有广泛研究前景的研究方向。神经网络在控制系统中可以充当对象的模型,也可以充当控制器,主要利用神经网络良好的非线性映射能力、并行处理能力、通过训练获得的学习能力,以及自适应能力等。

1960年,美国学者威德罗(B. Widrow)等首先将神经网络用于控制系统,他还用神经网络实现倒立摆的控制。

神经控制特别适用于复杂系统、大系统,以及多变量系统的控制(更详细的内容请参阅第六章)。

三、学习控制

学习是人类的主要智能之一。在人类的进化过程中,学习起着非常重要的作用。学习作为一种过程,通过重复各种输入信号,并从外部校正该系统,从而使系统对特定的输入具有特定的响应。

学习控制正是模拟人类自身各种优良的控制调节机制的一种尝试,是一种能在其运行过程中,逐步获得被控对象及其环境的非预知信息,积累经验,并在一定的评价标准下进行估计、分类、决策,以及不断改善系统品质的智能控制方法。

四、基于规则的仿人智能控制

从广义上讲,各种智能控制方法研究的共同点,就是使工程控制系统具有某种仿人的智能。

事实上,在人参与的过程控制中,经验丰富的操作者都不是依靠被控对象的数学模型,而是根据被控对象的某些定性知识以及自己积累的操作经验进行推理,并在线确定控制策略。

基于规则的仿人智能控制(简称仿人控制),其核心思想是,在控制过程中,利用计算机模拟人的控制行为,最大限度地识别和利用控制系统动态过程提供的特征信息进行启发和直觉推理,以确定控制策略,进行多模态控制,从而实现对缺乏精确模型的对象进行有效的控制。

仿人控制研究的主要目标不是被控对象,而是控制器本身如何模仿操作者的结构和行为,以应对被控对象和环境的各种变化。仿人控制的结构图如图 1.6.1 所示。

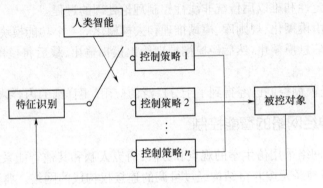

图 1.6.1　仿人控制的结构图

五、基于知识工程的专家控制

专家指的是那些对解决专门问题非常熟悉的人,他们的专门技术通常源于丰富的经验,以及系统的专业知识。

专家系统指的是一个智能计算机程序系统,其内部含有大量的某个领域专家水平的知识和经验,能够利用专家的知识和解决问题的经验方法处理该领域的难题。

基于知识工程的专家控制(简称专家控制),是应用专家系统的概念和技术,模拟人类专家的控制知识和经验,实现对被控对象的控制,是人工智能与自动控制相结合的典型产物。

专家控制实现了如下 4 个结合,即领域专家的经验知识与控制算法的结合、知识模型与数学模型的结合、符号推理与数值运算的结合以及知识处理技术与控制技术的结合。

目前,专家控制已广泛应用于各种工业过程控制中。

六、复合智能控制

把几种不同的智能控制机理与方法集成起来,或者传统控制与智能控制机理与方法集成起来,构成的控制方法称为复合智能控制,或称集成智能控制。

复合智能控制集各种控制方法的优点,弥补各自的缺陷,的确是一种控制良策,如模糊控制与传统控制相结合解决控制精度问题;模糊控制与专家控制相结合解决动态品质问题;模糊控制与神经网络相结合解决信息种类的多样化问题等。

典型的复合智能控制有基于模糊神经网络的智能控制、基于神经网络和学习控制的智能控制、基于神经网络和专家系统的智能控制、PID 模糊控制、神经网络自校正控制等。

复合智能控制是目前智能控制理论及应用研究的热点方向之一。

限于篇幅,本书仅介绍模糊控制和神经控制。

第七节　智能控制的主要研究内容

一、智能控制方法论

鉴于智能控制是多学科交叉的边缘学科,结合相关学科的研究成果,研究新的智能控制方法论,对智能控制的进一步发展具有重要的作用,可以为设计新型的智能控制系统提供启迪。

二、高性能智能控制器设计

包括采用新的方法对被控对象建模和参数辨识;设计面向含有连续信号和离散信号的混合系统的高性能控制器;高性能优化方法,如进化算法、免疫优化、微粒群优化、蚁群优化等及其在控制器设计中的应用;复合智能控制器的设计等。

三、智能控制系统的性能分析

包括不同类型智能控制系统的稳定性分析,如模糊控制系统的稳定性、神经网络控制系统的稳定性;智能控制器的结构与参数变化对动态性能指标的影响。

四、智能控制系统结构

包括基于结构的智能系统分类方式;新型的智能控制系统结构的探寻。

五、智能控制的应用

包括已有应用效果的评价,如在机器人自主避障控制中的应用、在工业过程中的应用、在农业生产中的应用,以及新的可能的应用领域及应用方案。

第八节　智能控制的研究工具

传统的控制理论主要采用微分方程、差分方程以及各种数学变换,如拉普拉斯变换、Z 变换等作为研究工具,它们本质上是数值计算方法。人工智能主要采用符号处理、一阶谓词逻辑等作为研究工具。智能控制研究的数学工具则是上述两方面的交叉和结合,主要有以下几种。

一、符号推理与数值计算的结合

用于研究专家控制,它的上层是专家系统,采用人工智能中的符号推理方法;下层是传统意义下的控制系统,采用数值计算方法。此外,该工具也用于研究仿人控制,符号推理用于描述被控对象的特征信息,以及人的直觉推理;数值计算用于确定多模态控制策略。

二、离散事件系统与连续时间系统分析的结合

主要用于研究混合系统的控制,如计算机集成生产系统中,上层任务的分配和调度、零件的加工和传输等均可以用离散事件系统理论进行分析和设计;下层的机床或机器人控制,则采用常规的连续时间系统分析方法。

三、模糊集理论

用于模糊控制,表示模糊语言、模糊规则并实现模糊推理以及解模糊化。模糊集理论形式上是利用规则进行逻辑推理,但其逻辑取值却在 $0 \sim 1$ 连续变化,处理的方法是基于数值的,而不是基于符号的。

四、神经网络理论

用于神经控制,充当被控对象的模型或控制器。神经网络通过一些简单的映射关系逼近复杂的非线性函数,本质上是一个非线性动力学系统。但是,它并不依赖问题的数学模型,因此可以看成是一种介于逻辑推理和数值计算之间的工具和方法。

五、优化理论

用于复合智能控制,作为传统控制器或者智能控制器的优化工具,提高这些控制器的控制效果。如在学习控制系统中,通过对系统性能的评判和优化,修改系统的结构和参数;在神经控制系统中,常常根据某种代价函数极小,选择网络的结构和连接权值;在分层递阶控制系统中,通过使系统的总熵最小,实现系统的优化设计。优化理论与方法是智能控制系统分析与设计的精髓。

近年来,流行的智能优化算法包括进化算法、免疫优化、微粒群优化、蚁群优化、禁忌搜索算法以及模拟退火算法等。

习题和思考题

1-1 智能控制有哪几种结构理论?这些理论的内容是什么?

1-2 什么是智能控制?

1-3 在智能控制的发展过程中,哪些人物起了重要作用?他们的主要贡献是什么?

1-4 智能控制系统由哪几部分组成?各部分的作用是什么?

1-5 智能控制具有哪些特点?

1-6 你知道哪几类智能控制系统?它们的思想是什么?

1-7 智能控制的主要研究内容有哪些?

1-8 有哪些智能控制研究工具?这些工具分别针对哪一类智能控制系统?

第二章　模糊数学基础

模糊数学是模糊控制的数学基础,由扎德教授于 1965 年首先提出。扎德教授发现,康托(G. Contor)创立的经典集合论实质上是剔除了人脑模糊性而抽象出来的数学概念,通过对思维过程的绝对化处理,达到精确和严格的目的。

扎德教授将模糊性和集合论统一起来,在不放弃集合的数学严格性的同时,吸取人脑思维中对于模糊现象认知和推理的优点,提出了模糊集合的概念,这标志着模糊数学的正式诞生。模糊数学大大扩展了科学技术领域,并在很多领域得到了广泛的应用。

本章主要阐述模糊数学的基础知识,包括模糊集合及其运算规则、隶属函数的确定方法、模糊关系与模糊矩阵,以及模糊逻辑与模糊推理等。在此之前,首先简要回顾模糊数学的创立及发展过程。考虑到模糊集合是经典集合的推广,因此在详细阐述模糊集合之前,需要复习经典集合的基本知识。

第一节　模糊数学的创立及发展

一、模糊数学创立的背景

1. 经典集合的意义和局限性

现代数学建立在经典集合论的基础上,经典集合论的重要意义,就一个侧面看,在于它把数学的抽象能力延伸到人类认识过程的深处。一组对象确定一组属性,人们可以通过说明属性来说明概念(内涵),也可以通过指明对象来说明它。符合概念的那些对象的全体叫做这个概念的外延,外延其实就是集合。从这个意义上讲,经典集合可以表现概念,而经典集合论中的关系和运算又可以表现判断和推理,一切现实的理论系统都可能纳入经典集合描述的数学框架。

但是,经典集合只能把自己的表现力限制在那些有明确外延的概念上,它明确限定:每个集合都必须由明确的元素构成,元素对集合的隶属关系必须是明确的,决不能模棱两可。对于那些外延不分明的概念,经典集合是暂时不去反映的,属于待发展的范畴。

2. 模糊概念的普遍性

在日常生活中,经常遇到没有明确数量界限的事物,要使用模糊的词句来形容和描述它们,如年轻、个高、头秃、水温热、距离远等。

现通过秃头悖论说明概念的模糊性。

有位先生的头发长得很好,即他的头发不秃。我们可以肯定:若将他的头发拔去一根,他的头仍不秃;拔去两根,他的头也不会秃。再假定:拔去 k 根头发他还不秃。那么,依照常理,再拔一根(共拔 $k+1$ 根)头发,他也不会秃。根据数学归纳法可以得到结论:

头发拔光了,他也不秃!

关键问题在于,把头发的现状定义为"秃"与"不秃"界线分明的两类是与实际不符的,"秃"与"不秃"的界线不是分明的,而是过渡的、模糊的。

在人们的工作经验中,也有许多模糊的东西。例如,要确定一炉钢水是否炼好,除了要知道钢水的温度、成分比例,以及冶炼时间等精确信息外,还需要参考钢水颜色、沸腾情况等模糊信息。

随着科学的深化和工业的发展,研究对象越来越复杂,根据系统的不相容原理,研究对象的复杂性和描述的精确性将互相排斥,这将涌现越来越多的模糊性问题。例如,航天系统、人脑系统、社会系统等,参数和变量很多,各种因素相互交错,使得系统很复杂,而它的模糊性也越发明显。

3. 模糊信息处理的必要性

人与计算机相比,一般来说,人脑具有处理模糊信息的能力,善于判断和处理模糊现象,但计算机对模糊现象的识别能力较差。

随着电子计算机、控制论、系统科学的迅速发展,要使计算机像人脑那样对复杂事物具有识别能力,就必须研究和处理模糊性。为了提高计算机识别模糊现象的能力,就需要把人们常用的模糊语言设计成机器能接受的指令和程序,以便机器能像人脑那样简洁灵活地做出相应的判断,从而提高自动识别和控制模糊现象的效率。

这样一来,就需要寻找一种描述和加工模糊信息的数学工具,这就推动了数学家深入研究模糊数学。

4. 模糊数学的提出

认识到研究模糊性的重要性和积极意义是科学史上的一件大事,这个功绩属于美国控制论专家扎德。

长期以来,扎德围绕决策与控制及其相关的一系列重要问题的研究,逐步意识到传统数学方法的局限性。他认为,如果深入研究人类的认识过程,将发现人类能运用模糊概念是一个巨大的财富,而不是包袱,这一点是理解人类智能和机器智能之间深奥区别的关键。

1965 年,他在期刊《信息与控制》上发表了论文"模糊集合",标志着模糊数学的诞生。扎德第一次把模糊性和数学统一在一起,他的观点不是让数学放弃严格性去迁就模糊性,而是要把数学方法打入具有模糊现象的"禁区"。也就是说,要使数学吸收人脑处理模糊现象的优点,以精确对模糊,用精确的数量关系来表达模糊概念及其关系。因此,模糊数学决不是模模糊糊的学科,而是以数学的手段分析与处理模糊事物的学科。

在经典集合中,元素与集合的关系只有明确的两种,即"属于"和"不属于",可分别利用数字"1"和"0"刻画上述两种关系。而在模糊集合中,给定范围内的元素与模糊集合的关系不一定只有"属于"或"不属于"两种情况,还存在中间过渡状态,即认为某元素"以一定的程度属于"该集合,采用了介于 0 和 1 之间的实数来表示上述模糊集合概念中某元素隶属于一个集合的关系。

例如,"老人"是个模糊概念,某人 70 岁肯定属于老人,其隶属程度是 1;40 岁的人肯定不算老人,其隶属程度为 0。按照扎德给出的公式,55 岁属于"老人"的程度为 0.5,即"半老";60 岁属于"老人"的程度为 0.8。

扎德认为,指明各个元素的隶属程度就等于指定了一个集合。当隶属程度在 0 和 1 之间时,这个集合就是模糊集合。

模糊集合与经典集合有密切的关系。模糊集合是经典集合的扩展,把经典集合特征函数的取值范围从 $\{0,1\}$ 扩展到 $[0,1]$;经典集合是模糊集合的特例,当模糊集合隶属函数的取值范围退化为 $\{0,1\}$ 时,就是一个经典集合。

此外,概率论并不能代替模糊数学,这是因为概率论研究事物的随机不确定性,即随机事件是否出现,其因果关系是不确定的,或者说是客观不确定的;模糊数学研究模糊不确定性,即区分事物的界线及人类思维概念的外延是模糊的,或者说是主观不确定的。

二、模糊数学的发展

模糊数学从诞生至今,已经过了 40 余年,刚诞生的几年间进展相当缓慢,进入 20 世纪 70 年代后,模糊集合的概念被越来越多的人接受,这方面的研究工作迅速发展起来。

进入 20 世纪 80 年代,模糊数学的发展更有加速的趋势。1984 年,成立了国际模糊系统协会。我国在 1983 年成立了模糊数学与模糊系统学会。在模糊数学方面,我国与国际水平差距不大,与美国、法国、日本一起被公认为模糊数学四强。

进入 20 世纪 90 年代,模糊数学研究的一个显著特点是从理论研究走向了应用,国际学术会议增多,IEEE 创办了《Fuzzy Systems》汇刊,并定期举办国际会议(FUZZY-IEEE),这标志着模糊数学的发展进入了一个新阶段。

第二节 经典集合及其运算

一、集合的基本概念

19 世纪末,德国数学家康托创立的集合论已经成为现代数学的基础,每个数学分支都可以看作研究某类对象的集合。因此,集合理论统一了许多似乎没有联系的概念。对于集合这样的基本概念不能加以定义,只能给出一种描述。

1. 集合的描述

集合一般指具有某种属性的、确定的、彼此间可以区别的事物全体。将组成集合的事物称为集合的元素。

通常,用大写字母 A、B、C、$\cdots$、X、Y、Z 等表示集合,用小写字母 a、b、c、$\cdots$、x、y、z 等表示集合的元素。

元素与集合之间是"属于"或"不属于"的关系。若元素 x 属于集合 X,用 $x \in X$ 表示,反之用 $x \notin X$ 表示。

2. 常用概念

论域:被考虑对象的全体称为论域,又称为全域、全集,有时也称为空间,一般用大写字母 U 表示。

空集:不包含任何元素的集合,用 $\varnothing$ 表示。

子集:集合 A 的每一个元素都是集合 B 的元素。也就是说,A 是 B 的一部分,则称集合 A 是集合 B 的子集,记为 $A \subseteq B$。若 $A \subseteq B$ 且 $A \neq B$,则称 A 是 B 的真子集,记为 $A \subset B$。

相等:对于两个集合 A 和 B,如果 $A \subseteq B$ 且 $B \subseteq A$,则称 A 和 B 相等,记为 $A = B$。

幂集:若 U 是论域,则以 U 的所有子集为元素构成的集合称为 U 的幂集,记为 $P(U)$。可以看出,幂集是一个特殊的集合,它的元素是集合,这些集合均为论域 U 的子集。

例 2.2.1 一个由 3 个元素组成的论域 $U = \{a, b, c\}$,其幂集为

$$P(U) = \{\varnothing, \{a\}, \{b\}, \{c\}, \{a,b\}, \{b,c\}, \{a,c\}, U\}$$

有限集和无限集:如果一个集合包含的元素为有限个,则称为有限集,否则称为无限集。

3. 集合运算

交:若 A、B 是两个集合,由属于 A 同时又属于 B 的所有元素组成的集合,称为 A 与 B 的交集,记为 $A \cap B$,即

$$A \cap B = \{x \mid x \in A \text{ 且 } x \in B\} \tag{2.2.1}$$

并:若 A、B 是两个集合,由属于 A 或属于 B 的所有元素组成的集合,称为 A 与 B 的并集,记为 $A \cup B$,即

$$A \cup B = \{x \mid x \in A \text{ 或 } x \in B\} \tag{2.2.2}$$

补:若 A 为集合,由论域 U 中不属于 A 的所有元素组成的集合,称为 A 在 U 中的补集,记为 $A^c = U - A$,即

$$A^c = \{x \mid x \notin A \text{ 且 } x \in U\} \tag{2.2.3}$$

差:若 A、B 是两个集合,由属于 A 但不属于 B 的所有元素组成的集合,称为 A 与 B 的差集,记为 $A - B$,即

$$A - B = \{x \mid x \in A \text{ 且 } x \notin B\} \tag{2.2.4}$$

可以看出,如果 A 是全集(论域),那么 $A - B$ 就相当于求 B 的补集。

二、集合的运算性质

设 A、B、$C \subseteq U$,其并、交、补运算具有以下性质:

幂等律:$A \cup A = A$ $A \cap A = A$

交换律:$A \cup B = B \cup A$ $A \cap B = B \cap A$

结合律:$(A \cup B) \cup C = A \cup (B \cup C)$ $(A \cap B) \cap C = A \cap (B \cap C)$

分配律:$A \cap (B \cup C) = (A \cap B) \cup (A \cap C)$ $A \cup (B \cap C) = (A \cup B) \cap (A \cup C)$

吸收律:$A \cap (A \cup B) = A$ $A \cup (A \cap B) = A$

同一律:$A \cup U = U$ $A \cap U = A$ $A \cup \varnothing = A$ $A \cap \varnothing = \varnothing$

复原律:$(A^c)^c = A$

排中律:$A \cup A^c = U$ $A \cap A^c = \varnothing$

对偶律:$(A \cup B)^c = A^c \cap B^c$ $(A \cap B)^c = A^c \cup B^c$,也称德·摩根律。

上面给出的集合运算的性质都是成对出现的,这并不是偶然的。对集合论中成立的

任何一个定理,若将其中的∪与∩交换,A_i 与 A_i^c 交换,⊆与⊇交换,则该定理仍然成立,这一原则称为对偶原则。

三、集合的直积

设有两个集合 A 和 B,A 和 B 的直积,记为 $A \times B$,定义为

$$A \times B = \{(x,y) \mid x \in A, y \in B\} \tag{2.2.5}$$

上述定义表明,在集合 A 中取一元素 x,又在集合 B 中取一元素 y,就构成了 (x,y) "序偶",所有的 (x,y) 又构成一个集合,该集合即为 $A \times B$。直积又称为笛卡尔积、叉积。

注意:"序偶"的顺序是不能改变的。一般来说,$(x,y) \neq (y,x)$,故一般 $A \times B \neq B \times A$。

两个集合的直积可以推广到多个集合上去,设 $A_1, A_2, \cdots, A_n$ 是 n 个集合,则

$$A_1 \times A_2 \times \cdots \times A_n \triangleq \{(x_1, x_2, \cdots, x_n) \mid x_1 \in A_1, x_2 \in A_2, \cdots, x_n \in A_n\}$$

例 2.2.2 设 R 是实数集,即 $R = \{x \mid -\infty < x < +\infty\}$,则

$$R \times R = \{(x,y) \mid -\infty < x < +\infty, -\infty < y < +\infty\}$$

用 R^2 表示,为整个平面,就是通常所说的二维欧氏空间

$$R \times R \times R = \{(x,y,z) \mid -\infty < x < +\infty, -\infty < y < +\infty, -\infty < z < +\infty\}$$

用 R^3 表示,为三维欧氏空间,进而 $\underbrace{R \times R \times \cdots \times R}_{n} = R^n$,即为 n 维欧氏空间。

例 2.2.3 设 $X = Y = \{1,2,3,4\}$,则

$$
\begin{aligned}
X \times Y = {} & \{(x,y) \mid x \in X, y \in Y\} \\
= {} & \{(1,1),(1,2),(1,3),(1,4),(2,1),(2,2),(2,3), \\
& (2,4),(3,1),(3,2),(3,3),(3,4),(4,1),(4,2),(4,3),(4,4)\}
\end{aligned}
$$

四、映射与关系

设有集合 X 和 Y,若有一对应法则 f 存在,使得对于集合 X 中的任意元素 x,有 Y 中唯一的元素 y 与之对应,则称此对应法则为从 X 到 Y 的映射,记为

$$f: X \to Y \tag{2.2.6}$$

称 X 为映射 f 的定义域,而集合

$$\{f(x) \mid x \in X\} \tag{2.2.7}$$

称为 f 的值域,显然 $\{f(x) \mid x \in X\} \subseteq Y$。

关系:集合 X、Y 的直积 $X \times Y$ 的一个子集 R,称为 X 到 Y 的二元关系,简称为关系。对于 $X \times Y$ 的元素 (x,y),若有 $(x,y) \in R$,则称 x 与 y 相关,记为 xRy,否则 $(x,y) \notin R$,记为 $x\bar{R}y$。

例 2.2.4 设 $X = Y = \{1,2,3,4\}$,则 X 到 Y 的"小于或等于"关系为

$$
\begin{aligned}
R = {} & \{(x,y) \mid x \leq y, x \in X, y \in Y\} \\
= {} & \{(1,1),(1,2),(1,3),(1,4),(2,2),(2,3),(2,4),(3,3),(3,4),(4,4)\}
\end{aligned}
$$

设 $f: X \to Y$,显然有 $\{(x,y) \mid y = f(x)\} \subseteq X \times Y$,可见映射 f 是关系的特例。

五、集合的表示法

1. 描述法

通过描述集合中元素的性质来描述一个集合。

例 2.2.5 $A = \{x \mid x$ 为正整数$, x < 5\}$。

2. 列举法

通过列举集合中的元素来描述一个集合。

例 2.2.6 上述集合 A,用列举法可写为 $A = \{1, 2, 3, 4\}$。

3. 特征函数法

设 A 是论域 U 的一个子集,$x \in U$,函数 $\chi_A(x)$ 定义为集合 A 的特征函数,可表示为

$$\chi_A(x) = \begin{cases} 1 & x \in A \\ 0 & x \notin A \end{cases} \tag{2.2.8}$$

例 2.2.7 设 U 为自然数集,上述集合 A 的特征函数为

$$\chi_A(x) = \begin{cases} 1 & x = 1, 2, 3, 4 \\ 0 & x \text{ 为其他自然数} \end{cases}$$

A 的特征函数图形如图 2.2.1 所示。

A 的特征函数在 x 处的值 $\chi_A(x)$ 叫做 x 对于 A 的隶属度。当隶属度为 1 时,表示 x 绝对属于 A;当隶属度为 0 时,表示 x 绝对不属于 A。

通过特征函数来表征经典集合中的一个元素 x 与一个集合 A 的关系已经足够,因为经典集合中一个元素 x 和一个集合 A 的关系只能有 $x \in A$ 和 $x \notin A$ 两种情况,它们刚好分别与特征函数的取值 1 和 0 相对应。所以,特征函数的值域实际上是一个只取两个数的集合 $\{0, 1\}$。

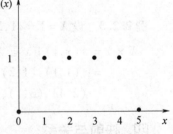

图 2.2.1 A 的特征函数

根据集合的特征函数,可以确定集合的一些性质,它们之间有如下对应关系

$$\chi_A(x) \equiv 0 \Leftrightarrow A = \varnothing$$
$$\chi_A(x) \equiv 1 \Leftrightarrow A = U$$
$$\chi_A(x) \leqslant \chi_B(x) \Leftrightarrow A \subseteq B$$
$$\chi_A(x) = \chi_B(x) \Leftrightarrow A = B$$

其中符号"$\Leftrightarrow$"表示对应。

此外,特征函数有下面 3 条运算性质

$$\chi_{A^c}(x) = 1 - \chi_A(x)$$
$$\chi_{A \cup B}(x) = \max\{\chi_A(x), \chi_B(x)\}$$
$$\chi_{A \cap B}(x) = \min\{\chi_A(x), \chi_B(x)\}$$

4. 递推法

通过一个递推公式来描述一个集合,给出集合中的一个元素和一个规则,集合中的其

他元素都可以借助这个规则得到。

5. 运算法

通过集合的并、交、补等运算来描述一个集合。

需要指出的是,在上述5种描述集合的方法中,前3种是常用的,尤其是用特征函数方法描述集合具有重要的意义。对于给定的集合,并非都能用这5种方法来描述。例如,0到1的所有实数,既不能用列举法,也不能用递推公式法来描述。

第三节　模糊集合及其运算

一、经典集合论及其局限性

在康托创立的经典集合论中,一个事物要么属于某集合,要么不属于某集合,二者必居其一,且只居其一,没有模棱两可的情况。

众所周知,一个概念所包含的那些区别于其他概念的全体本质属性,称为概念的内涵,而符合某概念的对象全体,就是概念的外延。例如,"人"这个概念的外延就是世界上所有人的全体,而内涵就是区别于其他动物的那些本质属性,如"能制造和使用工具"、"具有抽象、概括、推理和思维的能力"等。

人若要表达一个概念,通常有两种方法:一种是指出概念的内涵,即内涵法;另一种是指出概念的外延,即外延法。实际上,概念的形成总是要联系到集合论,从集合论的角度看,内涵就是集合的定义,而外延则是组成该集合的所有元素。经典集合表达概念的内涵和外延都是明确的。

在人们的思维中,有许多没有明确外延的概念,即模糊概念。表现在语言上,就有许多模糊概念的词。例如,以人的年龄为论域,那么"年青"、"中年"、"老年"都没有明确的外延;或以人的身高为论域,那么"高个子"、"中等身材"、"矮个子"也没有明确的外延。再如,以某炉温为论域,那么"高温"、"中温"、"低温"等也没有明确的外延,所以诸如此类的概念都是模糊概念。

模糊概念不能用经典集合加以描述,这是因为不能绝对地区别"属于"或"不属于",很多情况下是"以一定的程度属于",即论域上的元素符合概念的程度不是绝对的0或1,而是介于0和1之间的一个实数。

二、模糊集合的基本概念

1. 定义

给定论域 U,考虑 U 到 $[0,1]$ 的映射 $\mu_{\underset{\sim}{A}}$

$$\mu_{\underset{\sim}{A}} : U \rightarrow [0,1]$$
$$u \rightarrow \mu_{\underset{\sim}{A}}(u) \tag{2.3.1}$$

那么,$\mu_{\underset{\sim}{A}}$ 确定了 U 的一个模糊子集 $\underset{\sim}{A}$,$\mu_{\underset{\sim}{A}}$ 称为模糊子集 $\underset{\sim}{A}$ 的隶属函数,$\mu_{\underset{\sim}{A}}(u)$ 称为 u 对 $\underset{\sim}{A}$ 的隶属度,也可以记为 $\underset{\sim}{A}(u)$。

在不引起混淆的情况下,模糊子集也称模糊集合。

2. 隶属函数的含义

上述定义表明,论域 U 上的模糊子集 $\underset{\sim}{A}$ 由隶属函数 $\mu_{\underset{\sim}{A}}(u)$ 来表征, $\mu_{\underset{\sim}{A}}(u)$ 的取值范围为闭区间 $[0,1]$, $\mu_{\underset{\sim}{A}}(u)$ 的大小反映了 u 对于模糊子集 $\underset{\sim}{A}$ 的隶属程度,即

$\mu_{\underset{\sim}{A}}(u)$ 的值接近于 1,表示 u 属于 $\underset{\sim}{A}$ 的程度很高; $\mu_{\underset{\sim}{A}}(u) = 1$,表示 u 完全属于 $\underset{\sim}{A}$。

$\mu_{\underset{\sim}{A}}(u)$ 的值接近于 0,表示 u 属于 $\underset{\sim}{A}$ 的程度很低; $\mu_{\underset{\sim}{A}}(u) = 0$,表示 u 完全不属于 $\underset{\sim}{A}$。

由此可见,一个模糊子集可以完全由其隶属函数描述。

3. 与经典集合的关系

当 $\mu_{\underset{\sim}{A}}(u)$ 的值域为 $\{0,1\}$ 时,隶属函数 $\mu_{\underset{\sim}{A}}(u)$ 蜕化为一个经典集合的特征函数,模糊集合 $\underset{\sim}{A}$ 便蜕化为一个经典集合。

由此不难看出,经典集合是模糊集合的特殊形态,模糊集合是经典集合的推广。

例 2.3.1 年龄的论域 $U = [0,200]$,模糊集合 $\underset{\sim}{Y}$ 表示"年轻",假设 $\underset{\sim}{Y}$ 的隶属函数定义为

$$\mu_{\underset{\sim}{Y}}(u) = \begin{cases} 1 & 0 \leqslant u \leqslant 25 \\ \left[1 + \left(\dfrac{u-25}{5}\right)^2\right]^{-1} & 25 < u \leqslant 200 \end{cases}$$

那么,年龄为 30 岁的人属于"年轻"的程度为 $\mu_{\underset{\sim}{Y}}(30) = 0.5$。

三、模糊集合的表示方法

1. U 为有限集 $\{u_1, u_2, \cdots, u_n\}$ 时 $\underset{\sim}{A}$ 的表示

1)扎德表示法

$$\underset{\sim}{A} = \frac{\underset{\sim}{A}(u_1)}{u_1} + \frac{\underset{\sim}{A}(u_2)}{u_2} + \cdots + \frac{\underset{\sim}{A}(u_n)}{u_n} \tag{2.3.2}$$

注意: $\dfrac{\underset{\sim}{A}(u_i)}{u_i}$ 并不表示"分数",而是表示论域中的元素 u_i 与隶属度 $\underset{\sim}{A}(u_i)$ 之间的对应关系;"$+$"也不表示"求和",而是表示模糊集合在论域 U 上的整体。

例 2.3.2 考虑论域 $U = \{1,2,3,4,5,6,7,8,9,10\}$,用 $\underset{\sim}{A}$ 表示模糊概念"几个"。根据经验, $\underset{\sim}{A}$ 可以表示为

$$\underset{\sim}{A} = \frac{0}{1} + \frac{0}{2} + \frac{0.3}{3} + \frac{0.7}{4} + \frac{1}{5} + \frac{1}{6} + \frac{0.7}{7} + \frac{0.3}{8} + \frac{0}{9} + \frac{0}{10}$$

由上式可知,5、6 的隶属度为 1,说明用 5、6 描述"几个"最合适;而 4、7 对于"几个"的隶属度为 0.7;通常,不采用 1、2 或 9、10 表示"几个",因此它们的隶属度为 0。

2)序偶表示法

将论域中的元素 u_i 与隶属度 $\underset{\sim}{A}(u_i)$ 构成序偶来表示 $\underset{\sim}{A}$,则

$$\underset{\sim}{A} = \{(u_1, \underset{\sim}{A}(u_1)), (u_2, \underset{\sim}{A}(u_2)), \cdots, (u_n, \underset{\sim}{A}(u_n))\} \tag{2.3.3}$$

例 2.3.3 采用序偶表示法,例 2.3.2 中的 $\underset{\sim}{A}$ 可写为

$$\underset{\sim}{A} = \{(3,0.3),(4,0.7),(5,1),(6,1),(7,0.7),(8,0.3)\}$$

注意: 采用扎德表示法或序偶表示法,隶属度为 0 的项可以不写。

3）向量表示法

将论域中各元素的隶属度$A(u_i)$写成向量的形式，则

$$A = (A(u_1), A(u_2), \cdots, A(u_n)) \tag{2.3.4}$$

例 2.3.4 采用向量表示法，上述例 2.3.2 中的A可表示为

$$A = (0, 0, 0.3, 0.7, 1, 1, 0.7, 0.3, 0, 0)$$

注意：在向量表示法中，隶属度为 0 的项不能省略。

课堂练习 2.3.1 考虑论域U为 6 个人的身高，分别为 145,165,170,175,180,185，它们对于模糊集合"高个子"的隶属度分别为 0,0.4,0.6,0.70,0.9,0.95，请分别采用上述 3 种方法表示该模糊集合。

2. U为连续域时A的表示

扎德给出如下表示方法

$$A = \int_U \frac{\mu_A(u)}{u} \tag{2.3.5}$$

注意：$\dfrac{\mu_A(u)}{u}$并不表示"分数"，而表示论域上的元素u与隶属度$\mu_A(u)$之间的对应关系；$\int$不表示"积分"，而表示论域上的元素u与隶属度$\mu_A(u)$对应关系的总括。

例 2.3.5 考虑年龄论域$U = [0, 200]$，扎德给出了"年老"O与"年轻"Y两个模糊集合的隶属函数，如图 2.3.1 所示。

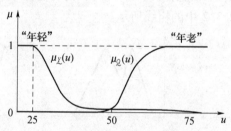

图 2.3.1 "年老"与"年轻"的隶属函数

相应的模糊集的隶属函数可以表示为

$$\mu_O(u) = \begin{cases} 0 & 0 \leqslant u \leqslant 50 \\ \left[1 + \left(\dfrac{u-50}{5}\right)^{-2}\right]^{-1} & 50 < u \leqslant 200 \end{cases}$$

$$\mu_Y(u) = \begin{cases} 1 & 0 \leqslant u \leqslant 25 \\ \left[1 + \left(\dfrac{u-25}{5}\right)^{2}\right]^{-1} & 25 < u \leqslant 200 \end{cases}$$

采用扎德表示法，O与Y分别表示为

$$O = \int_{0 \leqslant u \leqslant 50} \frac{0}{u} + \int_{50 < u \leqslant 200} \frac{\left[1 + \left(\dfrac{u-50}{5}\right)^{-2}\right]^{-1}}{u} = \int_{50 < u \leqslant 200} \frac{\left[1 + \left(\dfrac{u-50}{5}\right)^{-2}\right]^{-1}}{u}$$

$$Y_{\sim} = \int_{0 \leqslant u \leqslant 25} \frac{1}{u} + \int_{25 < u \leqslant 200} \frac{\left[1 + \left(\dfrac{u - 25}{5}\right)^2\right]^{-1}}{u}$$

四、模糊集合的运算

1. 常用概念

模糊幂集：U 上所有模糊集合的全体称为模糊幂集，记为 $F(U)$，即

$$F(U) = \{ A_{\sim} \mid A_{\sim} : U \to [0,1] \} \tag{2.3.6}$$

模糊包含：设 $A_{\sim}$、$B_{\sim}$ 为论域 U 上的两个模糊集合，如果对于 U 中每一个元素 u 都有 $\mu_{A_{\sim}}(u) \geqslant \mu_{B_{\sim}}(u)$，则称 $A_{\sim}$ 包含 $B_{\sim}$，记作 $A_{\sim} \supseteq B_{\sim}$。

模糊相等：如果 $A_{\sim} \supseteq B_{\sim}$，且 $B_{\sim} \supseteq A_{\sim}$，则说 $A_{\sim}$ 与 $B_{\sim}$ 相等，记作 $A_{\sim} = B_{\sim}$。

2. 模糊集合运算

交：论域 U 上两个模糊集合 $A_{\sim}$、$B_{\sim}$ 的交记为 $A_{\sim} \cap B_{\sim}$，其隶属函数为

$$\mu_{A_{\sim} \cap B_{\sim}}(u) \triangleq \mu_{A_{\sim}}(u) \wedge \mu_{B_{\sim}}(u) = \min\{\mu_{A_{\sim}}(u), \mu_{B_{\sim}}(u)\} \tag{2.3.7}$$

并：$A_{\sim}$、$B_{\sim}$ 的并记为 $A_{\sim} \cup B_{\sim}$，其隶属函数为

$$\mu_{A_{\sim} \cup B_{\sim}}(u) \triangleq \mu_{A_{\sim}}(u) \vee \mu_{B_{\sim}}(u) = \max\{\mu_{A_{\sim}}(u), \mu_{B_{\sim}}(u)\} \tag{2.3.8}$$

补：$A_{\sim}$、$B_{\sim}$ 的补记为 $A_{\sim}^c$，其隶属函数为

$$\mu_{A_{\sim}^c}(u) \triangleq 1 - \mu_{A_{\sim}}(u) \tag{2.3.9}$$

式中："$\vee$"表示取大运算，"$\wedge$"表示取小运算，称其为扎德算子。

模糊运算结果如图 2.3.2 中的粗线所示。

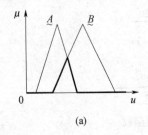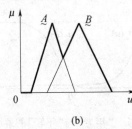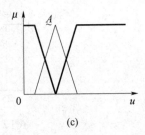

图 2.3.2　模糊运算结果

(a) $A_{\sim} \cap B_{\sim}$；(b) $A_{\sim} \cup B_{\sim}$；(c) $A_{\sim}^c$。

例 2.3.6　$A_{\sim}$ 和 $B_{\sim}$ 是论域 $U = \{x_1, x_2, x_3, x_4\}$ 上的两个模糊集合，已知

$$A_{\sim} = \frac{0.3}{x_1} + \frac{0.5}{x_2} + \frac{0.7}{x_3} + \frac{0.4}{x_4}$$

$$B_{\sim} = \frac{0.5}{x_1} + \frac{1}{x_2} + \frac{0.8}{x_3}$$

利用模糊集合运算，可得

$$A_{\sim}^c = \frac{0.7}{x_1} + \frac{0.5}{x_2} + \frac{0.3}{x_3} + \frac{0.6}{x_4}$$

$$B_{\sim}^c = \frac{0.5}{x_1} + \frac{0.2}{x_3} + \frac{1}{x_4}$$

$$\underset{\sim}{A} \cup \underset{\sim}{B} = \frac{0.3 \vee 0.5}{x_1} + \frac{0.5 \vee 1}{x_2} + \frac{0.7 \vee 0.8}{x_3} + \frac{0.4 \vee 0}{x_4} = \frac{0.5}{x_1} + \frac{1}{x_2} + \frac{0.8}{x_3} + \frac{0.4}{x_4}$$

$$\underset{\sim}{A} \cap \underset{\sim}{B} = \frac{0.3 \wedge 0.5}{x_1} + \frac{0.5 \wedge 1}{x_2} + \frac{0.7 \wedge 0.8}{x_3} + \frac{0.4 \wedge 0}{x_4} = \frac{0.3}{x_1} + \frac{0.5}{x_2} + \frac{0.7}{x_3} + \frac{0}{x_4}$$

课堂练习 2.3.2 $\underset{\sim}{A}$ 和 $\underset{\sim}{B}$ 是论域 $U = \{x_1, x_2, x_3, x_4, x_5\}$ 上的两个模糊集合,已知

$$\underset{\sim}{A} = \frac{1}{x_1} + \frac{0.9}{x_2} + \frac{0.4}{x_3} + \frac{0.2}{x_4}$$

$$\underset{\sim}{B} = \frac{0.9}{x_1} + \frac{0.8}{x_2} + \frac{1}{x_3} + \frac{0.1}{x_5}$$

试求 $\underset{\sim}{A}^c, \underset{\sim}{B}^c, \underset{\sim}{A} \cup \underset{\sim}{B}, \underset{\sim}{A} \cap \underset{\sim}{B}$。

五、模糊集合的运算性质

幂等律:$\underset{\sim}{A} \cup \underset{\sim}{A} = \underset{\sim}{A}$ $\underset{\sim}{A} \cap \underset{\sim}{A} = \underset{\sim}{A}$

交换律:$\underset{\sim}{A} \cup \underset{\sim}{B} = \underset{\sim}{B} \cup \underset{\sim}{A}$ $\underset{\sim}{A} \cap \underset{\sim}{B} = \underset{\sim}{B} \cap \underset{\sim}{A}$

结合律:$(\underset{\sim}{A} \cup \underset{\sim}{B}) \cup \underset{\sim}{C} = \underset{\sim}{A} \cup (\underset{\sim}{B} \cup \underset{\sim}{C})$ $(\underset{\sim}{A} \cap \underset{\sim}{B}) \cap \underset{\sim}{C} = \underset{\sim}{A} \cap (\underset{\sim}{B} \cap \underset{\sim}{C})$

分配律:$(\underset{\sim}{A} \cup \underset{\sim}{B}) \cap \underset{\sim}{C} = (\underset{\sim}{A} \cap \underset{\sim}{C}) \cup (\underset{\sim}{B} \cap \underset{\sim}{C})$ $(\underset{\sim}{A} \cap \underset{\sim}{B}) \cup \underset{\sim}{C} = (\underset{\sim}{A} \cup \underset{\sim}{C}) \cap (\underset{\sim}{B} \cup \underset{\sim}{C})$

吸收律:$(\underset{\sim}{A} \cup \underset{\sim}{B}) \cap \underset{\sim}{A} = \underset{\sim}{A}$ $(\underset{\sim}{A} \cap \underset{\sim}{B}) \cup \underset{\sim}{A} = \underset{\sim}{A}$

同一律:$\underset{\sim}{A} \cup U = U$ $\underset{\sim}{A} \cap U = \underset{\sim}{A}$ $\underset{\sim}{A} \cup \varnothing = \underset{\sim}{A}$ $\underset{\sim}{A} \cap \varnothing = \varnothing$

复原律:$(\underset{\sim}{A}^c)^c = \underset{\sim}{A}$

对偶律:$(\underset{\sim}{A} \cup \underset{\sim}{B})^c = \underset{\sim}{A}^c \cap \underset{\sim}{B}^c$ $(\underset{\sim}{A} \cap \underset{\sim}{B})^c = \underset{\sim}{A}^c \cup \underset{\sim}{B}^c$

注意:除了排中律以外,经典集合的所有运算性质均适合模糊集合。

试问:模糊集合为什么不再满足排中律?进一步,$\underset{\sim}{A} \cup \underset{\sim}{A}^c$ 与 U、$\underset{\sim}{A} \cap \underset{\sim}{A}^c$ 与 $\varnothing$ 是什么关系?

六、其他模糊算子

从上面模糊集合的运算过程可以看出,模糊集合的运算本质上是其隶属函数的运算。在"交"和"并"运算中,除了分别对相应集合的隶属度"取小"和"取大"外,还可以采用其他的隶属度运算方式:

对于"交"运算,如果采用代数积,则有

$$\mu_{\underset{\sim}{A} \cap \underset{\sim}{B}}(u) \triangleq \mu_{\underset{\sim}{A}}(u) \cdot \mu_{\underset{\sim}{B}}(u) \tag{2.3.10}$$

如果采用有界积,则有

$$\mu_{\underset{\sim}{A} \cap \underset{\sim}{B}}(u) \triangleq \max\{0, \mu_{\underset{\sim}{A}}(u) + \mu_{\underset{\sim}{B}}(u) - 1\} \tag{2.3.11}$$

对于"并"运算,如果采用代数和,则有

$$\mu_{\underset{\sim}{A} \cup \underset{\sim}{B}}(u) \triangleq \mu_{\underset{\sim}{A}}(u) + \mu_{\underset{\sim}{B}}(u) - \mu_{\underset{\sim}{A}}(u) \cdot \mu_{\underset{\sim}{B}}(u) \tag{2.3.12}$$

如果采用有界和,则有

$$\mu_{\underset{\sim}{A} \cup \underset{\sim}{B}}(u) \triangleq \min\{1, \mu_{\underset{\sim}{A}}(u) + \mu_{\underset{\sim}{B}}(u)\} \tag{2.3.13}$$

上述模糊算子在设计模糊控制器时会用到。

第四节　隶属函数的确定

一、隶属函数确定的重要性和难度

模糊集合是用隶属函数描述的,因此隶属函数在模糊集合论中占有极其重要的地位。

经典集合的特征函数只能取 0 和 1 两个值;而模糊集合的隶属函数从两个值扩大到 $[0,1]$ 区间连续取值,因此确定模糊集的隶属函数的难度增大了。

隶属函数是对模糊概念的定量描述,虽然遇到的模糊概念不胜枚举,但准确地反映模糊概念的模糊集合的隶属函数却无法找到统一的模式。

二、隶属函数的客观性和主观性

隶属函数的确立过程,本质上说应该是客观的。但是,每个人对于同一个模糊概念的认识理解又有差异,因此隶属函数的确定又带有主观性。

一般是根据经验或统计方法进行确定,也可由专家给出。例如,体操裁判的评分尽管带有一定的主观性,但却反映了裁判员们大量的、丰富的实际经验。

对于同一个模糊概念,不同的人会建立不完全相同的隶属函数,尽管形式不完全相同,只要能反映同一模糊概念,在解决和处理含有模糊信息的实际问题中仍然殊途同归。

事实上,也不可能存在对任何问题和任何人都适用的确定隶属函数的统一方法,因为模糊集合实质上是依赖于主观来描述客观事物概念外延的模糊性。可以设想,如果有对每个人都适用的确定隶属函数的方法,那么所谓的"模糊性"也就根本不存在了。

三、隶属函数的确定方法

这里仅介绍两种常用的方法。对于同一个模糊集合,不同方法得到的隶属函数会不同,但检验建立的隶属函数是否合适,需要看其是否符合实际,以及在实际应用中的效果。

1. 模糊统计法

在有些情况下,隶属函数可以通过模糊统计试验的方法来确定。这里,以张南纶等人进行的模糊统计工作为例,简要地介绍这种方法。

例 2.4.1 张南纶等人在武汉建材学院选择了 129 人做抽样试验:让他们独立地认真思考了"青年"的含义后,报出了他们认为最适宜的"青年"的年龄界限。由于每个被试者对于"青年"这一模糊概念理解上的差异,因此区间不完全相同,结果如表 2.4.1 所列。

表 2.4.1　"青年"的年龄界限

编号	区间	编号	区间	编号	区间	编号	区间	编号	区间
1	18~25	27	15~25	53	15~30	79	16~30	105	18~35
2	17~30	28	15~25	54	20~30	80	18~35	106	17~30
3	17~28	29	18~28	55	20~30	81	16~28	107	14~25
4	18~25	30	16~30	56	18~28	82	18~35	108	18~26
5	16~35	31	15~28	57	18~35	83	18~35	109	18~29

28

编号	区间	编号	区间	编号	区间	编号	区间	编号	区间
6	15～30	32	18～30	58	16～30	84	17～27	110	18～35
7	18～35	33	15～25	59	15～30	85	16～28	111	18～25
8	17～30	34	15～25	60	18～35	86	17～25	112	17～30
9	18～25	35	18～30	61	15～25	87	15～36	113	16～28
10	18～25	36	16～25	62	18～35	88	18～30	114	18～30
11	18～30	37	18～28	63	15～30	89	17～30	115	16～28
12	18～30	38	16～28	64	15～25	90	18～35	116	16～25
13	15～25	39	18～30	65	15～30	91	15～28	117	17～30
14	18～30	40	18～35	66	14～25	92	18～35	118	15～30
15	15～28	41	16～30	67	18～30	93	18～30	119	18～30
16	18～25	42	18～35	68	18～35	94	17～28	120	16～30
17	18～25	43	17～25	69	18～35	95	18～35	121	18～35
18	16～28	44	15～30	70	16～25	96	16～24	122	18～30
19	18～30	45	18～25	71	18～35	97	15～25	123	17～30
20	16～30	46	18～28	72	20～30	98	16～32	124	16～35
21	15～28	47	18～30	73	18～30	99	15～27	125	17～30
22	16～30	48	18～25	74	16～30	100	18～35	126	18～30
23	19～28	49	16～35	75	20～35	101	18～30	127	17～25
24	15～30	50	17～29	76	16～28	102	18～30	128	18～29
25	15～26	51	15～30	77	18～30	103	17～30	129	18～28
26	16～35	52	15～35	78	18～30	104	18～30		

现选取 $u_0 = 27$ 岁，对"青年"的隶属频率为

$$\mu = \frac{\text{包含 27 岁的区间数}}{\text{调查人数}} \qquad (2.4.1)$$

用 μ 作为 27 岁对"青年"的隶属度的近似值，计算结果如表 2.4.2 所列。

表 2.4.2 27 岁对"青年"的隶属度的近似值

调查人数	隶属次数	隶属频率	调查人数	隶属次数	隶属频率
10	6	0.6	80	62	0.78
20	14	0.7	90	68	0.76
30	23	0.77	100	76	0.76
40	31	0.78	110	85	0.75
50	39	0.78	120	95	0.79
60	47	0.78	129	101	0.78
70	53	0.76			

若采用图形表示上述结果，如图 2.4.1 所示。

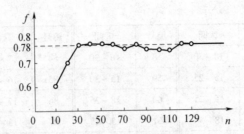

图 2.4.1　27 岁对"青年"的隶属度的稳定性

从图 2.4.1 可见,27 岁对于"青年"的隶属度大致稳定在 0.78 附近,于是可取

$$\mu_{青年}(27) = 0.78$$

按这种方法,计算出 15 岁 ~ 36 岁对"青年"的隶属频率,从中确定隶属度。表 2.4.3 给出的即为将 U 分组,每组以中值为代表计算隶属频率。

表 2.4.3　分组计算隶属频率

分　组	隶属次数	隶属频率	分　组	隶属次数	隶属频率
13.5 ~ 14.5	2	0.0155	25.5 ~ 26.5	103	0.7984
14.5 ~ 15.5	27	0.2093	26.5 ~ 27.5	101	0.7829
15.5 ~ 16.5	51	0.3953	27.5 ~ 28.5	99	0.7674
16.5 ~ 17.5	67	0.5194	28.5 ~ 29.5	80	0.6202
17.5 ~ 18.5	124	0.9612	29.5 ~ 30.5	77	0.5969
18.5 ~ 19.5	125	0.9690	30.5 ~ 31.5	27	0.2093
19.5 ~ 20.5	129	1	31.5 ~ 32.5	27	0.2093
20.5 ~ 21.5	129	1	32.5 ~ 33.5	26	0.2016
21.5 ~ 22.5	129	1	33.5 ~ 34.5	26	0.2016
22.5 ~ 23.5	129	1	34.5 ~ 35.5	26	0.2016
23.5 ~ 24.5	129	1	35.5 ~ 36.5	1	0.0078
24.5 ~ 25.5	128	0.9922	Σ		13.6589

令隶属度为纵坐标,年龄为横坐标,连续描出的曲线便为隶属函数曲线。

采用同样的方法,分别在武汉大学(抽样 106 人)、西安工业学院(抽样 93 人)进行模糊统计试验,得到"青年"的隶属函数曲线如图 2.4.2 所示。

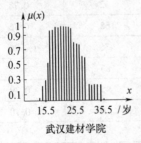
武汉建材学院

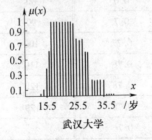
武汉大学

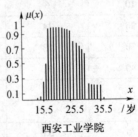
西安工业学院

图 2.4.2　"青年"的隶属函数曲线

对"中年"这一模糊概念,也在上述 3 个单位进行模糊统计试验,得到的隶属函数曲线如图 2.4.3 所示。

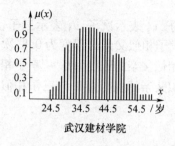 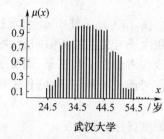 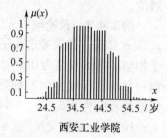

武汉建材学院　　　　　　　武汉大学　　　　　　　西安工业学院

图 2.4.3　"中年"的隶属函数曲线

观察上述 3 组在不同地区得到的同一模糊概念的隶属函数曲线,可以发现,它们的形状大致相同,曲线下所围成的面积也大致相等。如果调查的人数足够多,也会出现像概率统计一样的稳定性。

注意:模糊统计试验与随机统计试验不能等同。上述的模糊统计试验,说明了隶属程度的客观意义,同时也表明了模糊统计试验法求取隶属函数是切实可行的。但这种方法的不足之处是工作量较大。

2. 二元对比排序法

二元对比排序法是一种较实用的确定隶属函数的方法,它通过对多个事物之间的两两对比,确定某种特征下的顺序,由此决定该特征的隶属函数的大体形状。

设论域 U 中的元素为 $u_1, u_2, \cdots, u_n$,要对这些元素按某种特征进行排序。首先,在二元对比中建立比较等级,再用一定的方法进行总体排序,以获得诸元素对该特性的隶属度。步骤如下。

1)求元素的相对等级

将 u_1 和 u_2 比较,记 u_1 具有某特征的程度为 $g_{u_2}(u_1)$,u_2 具有该特征的程度为 $g_{u_1}(u_2)$。

2)构造相及矩阵

令

$$g(u_1/u_2) = \frac{g_{u_2}(u_1)}{\max\{g_{u_2}(u_1), g_{u_1}(u_2)\}} \tag{2.4.2}$$

且定义 $g(u_i/u_i) = 1$,得到相及矩阵 $\boldsymbol{G}$

$$\boldsymbol{G} = \begin{bmatrix} 1 & g(u_1/u_2) \\ g(u_2/u_1) & 1 \end{bmatrix} \tag{2.4.3}$$

对于 n 个元素($u_1, u_2, \cdots, u_n$)的两两比较,相及矩阵可表示为

$$\boldsymbol{G} = \begin{bmatrix} 1 & g(u_1/u_2) & g(u_1/u_3) & \cdots & g(u_1/u_n) \\ g(u_2/u_1) & 1 & g(u_2/u_3) & & g(u_2/u_n) \\ g(u_3/u_1) & g(u_3/u_2) & 1 & & g(u_3/u_n) \\ \cdots & & & & \\ g(u_n/u_1) & g(u_n/u_2) & g(u_n/u_3) & & 1 \end{bmatrix} \tag{2.4.4}$$

31

3）求取各元素的隶属度

对 G 的每一行取最小值，并按大小排序，即可得到元素$(u_1,u_2,\cdots,u_n)$对该特征的隶属度。

例2.4.2 设论域 $U=\{u_1,u_2,u_3,u_0\}$，其中 u_1 表示长子，u_2 表示次子，u_3 表示三子，u_0 表示父亲。如果考虑长子和次子与父亲的相似问题，则长子相似父亲的程度为0.8，次子相似父亲的程度为0.5；如果仅考虑次子和三子，则次子相似父亲的程度为0.4，三子相似与父亲的程度为0.7；如果仅考虑长子和三子，则长子相似父亲的程度为0.5，三子相似父亲的程度为0.3。

按照"谁相似父亲"这一原则排序，可得

$$g_{u_2}(u_1)=0.8, g_{u_1}(u_2)=0.5$$
$$g_{u_3}(u_2)=0.4, g_{u_2}(u_3)=0.7$$
$$g_{u_3}(u_1)=0.5, g_{u_1}(u_3)=0.3$$

相及矩阵 G 为

$$
\begin{array}{c}
\quad\;\; u_1 \quad\; u_2 \quad\; u_3 \\
\begin{array}{c} u_1 \\ u_2 \\ u_3 \end{array}
\left[
\begin{array}{ccc}
1 & 1 & 1 \\
5/8 & 1 & 4/7 \\
3/5 & 1 & 1
\end{array}
\right]
\end{array}
$$

对 G 的每一行取最小值，并按大小排序，得到

$$1 > 3/5 > 4/7$$

于是，得到如下结论：长子最相似父亲（隶属度为1），三子次之（隶属度为0.6），次子最不相似父亲（隶属度为0.57）。根据上述隶属度，可以确定模糊集合"相似"的隶属度函数的大致形状。

四、隶属函数的自学习

隶属函数的确定是一个难题，因此，隶属函数的自学习问题引起了大家的广泛重视。如果已知隶属函数的类型，而不知道相关的参数，可以通过一些优化方法得到这些参数的优化值。

例如，仅知道隶属函数是三角形类型的，但不知道其3个参数的取值，则可以通过进化算法求取这些参数的优化值。

五、典型的隶属函数

1. 三角形隶属函数

由3个参数 a,b,c 确定，表达式为

$$
\mu(u)=
\begin{cases}
0 & u \leqslant a \\
\dfrac{u-a}{b-a} & a < u \leqslant b \\
\dfrac{c-u}{c-b} & b < u \leqslant c \\
0 & u > c
\end{cases}
\tag{2.4.5}
$$

式中,a,c 确定三角形的"脚",b 确定三角形的"峰"。图形如图 2.4.4 所示。在 Matlab 中,用 trimf(u,[a,b,c])表示。

2. 梯形隶属函数

由 4 个参数 a,b,c,d 确定,表达式为

$$\mu(u) = \begin{cases} 0 & u \leqslant a \\ \dfrac{u-a}{b-a} & a < u \leqslant b \\ 1 & b < u \leqslant c \\ \dfrac{d-u}{d-c} & c < u \leqslant d \\ 0 & u > d \end{cases} \qquad (2.4.6)$$

式中,a,d 确定梯形的"脚",b,c 确定梯形的"肩膀"。图形如图 2.4.5 所示。在 Matlab 中,用 trapmf(u,[a,b,c,d])表示。

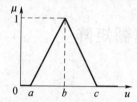

图 2.4.4 三角形隶属函数

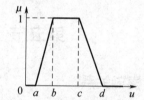

图 2.4.5 梯形隶属函数

3. 高斯型隶属函数

由两个参数 σ,c 确定,表达式为

$$\mu(u) = \mathrm{e}^{-\frac{(u-c)^2}{2\sigma^2}} \quad \sigma > 0 \qquad (2.4.7)$$

式中,c 确定曲线的中心。图形如图 2.4.6 所示。在 Matlab 中,用 gaussmf(u,[σ,c])表示。

4. 广义钟形隶属函数

由 3 个参数 a,b,c 确定,表达式为

$$\mu(u) = \frac{1}{1 + \left| \dfrac{u-c}{a} \right|^{2b}} \quad a,b > 0 \qquad (2.4.8)$$

式中,c 确定曲线的中心。图形如图 2.4.7 所示。在 Matlab 中,用 gbellmf(u,[a,b,c])表示。

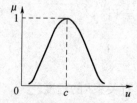

图 2.4.6 高斯型隶属函数

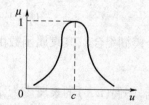

图 2.4.7 广义钟形隶属函数

5. S形隶属函数

由两个参数 a, c 确定,表达式为

$$\mu(u) = \frac{1}{1 + e^{-a(u-c)}} \qquad (2.4.9)$$

式中,a 为正数时,隶属函数通常用来表示"正大"。图形如图 2.4.8 所示。在 Matlab 中,用 sigmf(u, [a,c]) 表示。

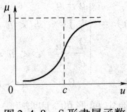

图 2.4.8　S形隶属函数

第五节　模糊关系与模糊矩阵

一、模糊关系

1. 关系及其局限性

关系是客观世界存在的普遍现象,它描述了事物之间存在的某种联系。

比如,人与人之间存在父子、师生、同事等关系;两个数字之间存在大于、等于或小于等关系;元素与集合之间存在属于或不属于等关系。

普通的关系只表示元素之间是否关联。但是,客观世界存在的很多关系是很难用"有"或"没有"这样简单的术语来划分的。

比如,父与子之间的相像关系,就很难用像或不像来完整的描述,而只能说他们相像的程度。

上述关系可以用模糊关系来描述。模糊关系是普通关系的拓广和发展,比普通关系的含义更丰富、更符合客观实际,因而,其应用也更为广泛。

前面已经给出,普通关系 R 是两个给定集合 X、Y 的直积 $X \times Y$ 的一个子集。类似地,可以定义模糊关系。

2. 模糊关系的定义

设 U, V 是两个论域,从 U 到 V 的一个模糊关系是指定义在直积

$$U \times V = \{(u,v) \mid u \in U, v \in V\} \qquad (2.5.1)$$

上的一个模糊集合 $\underset{\sim}{R}$,其隶属函数由

$$\mu_{\underset{\sim}{R}}: U \times V \rightarrow [0,1] \qquad (2.5.2)$$

完全刻画,序偶 (u,v) 的隶属度为 $\mu_{\underset{\sim}{R}}(u,v)$,表示 (u,v) 具有关系 $\underset{\sim}{R}$ 的程度。

注意:

(1) 由上述定义可以看出,模糊关系也是一个模糊集合,其定义域为 $U \times V$,值域是

34

[0,1]。因此,模糊集合的表示方法、运算及其满足的性质都适用于模糊关系。

(2)与以前的模糊集合不同的是,这里的自变量不再是一个,而是两个,且顺序不能交换。

(3)上述定义由于涉及到两个论域,因此称该模糊关系为二元模糊关系。

(4)上述两个论域可以是相同的,也可以是不相同的。当 $U=V$ 时,称为 U 上的模糊关系 $\underset{\sim}{R}$。

(5)可以将上述模糊关系推广到多个论域的情况,当 $\underset{\sim}{R}$ 定义在直积 $U_1 \times U_2 \times \cdots \times U_n$ 上时,它即是 n 元模糊关系。

(6)当序偶的隶属度只取 0 和 1 时,模糊关系就退化为普通关系。可见,模糊关系是普通关系的推广;普通关系是模糊关系的特例。

例 2.5.1 设某地区人的身高论域为 $X=\{140,150,160,170,180\}$（单位:厘米）,体重论域为 $Y=\{40,50,60,70,80\}$（单位:千克）。表 2.5.1 为身高与体重的关系,它是从 X 到 Y 的一个模糊关系 $\underset{\sim}{R}$,可以表示为

$$\underset{\sim}{R} = \frac{1}{(140,40)} + \frac{0.8}{(140,50)} + \cdots + \frac{1}{(180,80)}$$

表 2.5.1 某地区人的身高与体重的关系

$\underset{\sim}{R}$ $\quad$ Y / X	40	50	60	70	80
140	1	0.8	0.2	0.1	0
150	0.8	1	0.8	0.2	0.1
160	0.2	0.8	1	0.8	0.2
170	0.1	0.2	0.8	1	0.8
180	0	0.1	0.2	0.8	1

例 2.5.2 考察论域为 $U=\{1,5,7,9,20\}$ 上两个整数间"大得多"的关系 $\underset{\sim}{R}$。

序偶 $(20,1)$ 的第一个元素 20 比第二个元素 1 大得多,因此可以认为 $(20,1)$ 隶属于"大得多"的程度为 1。但是,认为 9 比 7 大得多显然是不合适的,因此可以认为 $(9,7)$ 隶属于"大得多"的程度只有 0.1。其余类推,可以大致得出"大得多"的关系 $\underset{\sim}{R}$ 为

$$\underset{\sim}{R} = \frac{0.5}{(5,1)} + \frac{0.7}{(7,1)} + \frac{0.8}{(9,1)} + \frac{1.0}{(20,1)} + \frac{0.1}{(7,5)} + \frac{0.3}{(9,5)} +$$

$$\frac{0.95}{(20,5)} + \frac{0.1}{(9,7)} + \frac{0.9}{(20,7)} + \frac{0.85}{(20,9)}$$

上面确定 $\underset{\sim}{R}$ 的隶属函数确实带有相当大的主观性,但与普通关系相比却客观得多了。

例 2.5.3 考虑由苹果、乒乓球、书、篮球、花、桃、菱形等 7 个物品组成的论域 U,试确定物品两两之间的"相似"的模糊关系。

假设物品之间完全相似者为 1,完全不相似者为 0,其余按相似程度给出一个 0 到 1 之间的数,就可以确定出一个 U 上的模糊关系 $\underset{\sim}{R}$,如表 2.5.2 所列。

表 2.5.2　物品之间的相似程度

$\underset{\sim}{R}$	苹果	乒乓球	书	篮球	花	桃	菱形
苹果	1.0	0.7	0	0.7	0.5	0.6	0
乒乓球	0.7	1.0	0	0.9	0.4	0.5	0
书	0	0	1.0	0	0	0	0.1
篮球	0.7	0.9	0	1.0	0.4	0.5	0
花	0.5	0.4	0	0.4	1.0	0.4	0
桃	0.6	0.5	0	0.5	0.4	1.0	0
菱形	0	0	0.1	0	0	0	1.0

二、模糊矩阵

1. 模糊矩阵的定义

设有限集 $U=\{u_1,u_2,\cdots,u_m\}$, $V=\{v_1,v_2,\cdots,v_n\}$, 以及 $\underset{\sim}{R}\in F(U\times V)$, 将序偶 (u_i,v_j) 的隶属度 $\mu_{\underset{\sim}{R}}(u_i,v_j)\in[0,1]$ 记作 r_{ij}, 则称 $\underset{\sim}{R}=(r_{ij})_{m\times n}$ 为模糊矩阵, $i=1,2,\cdots,m;j=1,2,\cdots,n$。

注意:

(1) 一个模糊关系虽然可以用模糊集合表达式表示, 但比不上用模糊矩阵表示更为简单明了, 特别是在模糊关系的合成运算中。

(2) 对于有限论域, 模糊矩阵的元素 r_{ij} 表示相应的模糊关系的隶属度 $\mu_{\underset{\sim}{R}}(u_i,v_j)$, 模糊关系与模糊矩阵是一一对应的, 因此模糊矩阵具有与模糊关系相同的运算及性质。例如, 相同论域上的模糊矩阵 $\underset{\sim}{R}=(r_{ij})_{m\times n}$ 和 $\underset{\sim}{S}=(s_{ij})_{m\times n}$ 的并、交和补运算如下

$$\begin{cases} \underset{\sim}{R}\cup\underset{\sim}{S}=(r_{ij}\vee s_{ij})_{m\times n} \\ \underset{\sim}{R}\cap\underset{\sim}{S}=(r_{ij}\wedge s_{ij})_{m\times n} \\ \underset{\sim}{R}^c=(1-r_{ij})_{m\times n} \end{cases} \tag{2.5.3}$$

例 2.5.4　相同论域上的两个模糊矩阵 $\underset{\sim}{R}$ 和 $\underset{\sim}{S}$ 分别为

$$\underset{\sim}{R}=\begin{bmatrix} 0.7 & 0.5 \\ 0.9 & 0.2 \end{bmatrix}, \underset{\sim}{S}=\begin{bmatrix} 0.4 & 0.3 \\ 0.6 & 0.8 \end{bmatrix}$$

则

$$\underset{\sim}{R}\cup\underset{\sim}{S}=\begin{bmatrix} 0.7\vee0.4 & 0.5\vee0.3 \\ 0.9\vee0.6 & 0.2\vee0.8 \end{bmatrix}=\begin{bmatrix} 0.7 & 0.5 \\ 0.9 & 0.8 \end{bmatrix}$$

$$\underset{\sim}{R}\cap\underset{\sim}{S}=\begin{bmatrix} 0.7\wedge0.4 & 0.5\wedge0.3 \\ 0.9\wedge0.6 & 0.2\wedge0.8 \end{bmatrix}=\begin{bmatrix} 0.4 & 0.3 \\ 0.6 & 0.2 \end{bmatrix}$$

$$\underset{\sim}{R}^c=\begin{bmatrix} 1-0.7 & 1-0.5 \\ 1-0.9 & 1-0.2 \end{bmatrix}=\begin{bmatrix} 0.3 & 0.5 \\ 0.1 & 0.8 \end{bmatrix}$$

(3) 并、交运算可以推广到多个模糊矩阵的情形。设有指标集 T, $\underset{\sim}{R}^{(t)}=(r_{ij}^{(t)})_{m\times n}, t\in T$, 则有

$$\bigcup_{t \in T} \underset{\sim}{R}^{(t)} \triangleq (\bigvee_{t \in T} r_{ij}^{(t)})_{m \times n}$$

$$\bigcap_{t \in T} \underset{\sim}{R}^{(t)} \triangleq (\bigwedge_{t \in T} r_{ij}^{(t)})_{m \times n}$$

(2.5.4)

例 2.5.5 模糊矩阵 $\underset{\sim}{R}$、$\underset{\sim}{S}$ 和 $\underset{\sim}{T}$ 分别为

$$\underset{\sim}{R} = \begin{bmatrix} 0.7 & 0.5 \\ 0.9 & 0.2 \end{bmatrix}, \underset{\sim}{S} = \begin{bmatrix} 0.4 & 0.3 \\ 0.6 & 0.8 \end{bmatrix}, \underset{\sim}{T} = \begin{bmatrix} 0.1 & 0.6 \\ 0.5 & 0.7 \end{bmatrix}$$

则有

$$\underset{\sim}{R} \cup \underset{\sim}{S} \cup \underset{\sim}{T} = \begin{bmatrix} 0.7 \vee 0.4 \vee 0.1 & 0.5 \vee 0.3 \vee 0.6 \\ 0.9 \vee 0.6 \vee 0.5 & 0.2 \vee 0.8 \vee 0.7 \end{bmatrix} = \begin{bmatrix} 0.7 & 0.6 \\ 0.9 & 0.8 \end{bmatrix}$$

$$\underset{\sim}{R} \cap \underset{\sim}{S} \cap \underset{\sim}{T} = \begin{bmatrix} 0.7 \wedge 0.4 \wedge 0.1 & 0.5 \wedge 0.3 \wedge 0.6 \\ 0.9 \wedge 0.6 \wedge 0.5 & 0.2 \wedge 0.8 \wedge 0.7 \end{bmatrix} = \begin{bmatrix} 0.1 & 0.3 \\ 0.5 & 0.2 \end{bmatrix}$$

$$\underset{\sim}{R} \cup (\underset{\sim}{S} \cap \underset{\sim}{T}) = \begin{bmatrix} 0.7 & 0.5 \\ 0.9 & 0.2 \end{bmatrix} \cup (\begin{bmatrix} 0.4 & 0.3 \\ 0.6 & 0.8 \end{bmatrix} \cap \begin{bmatrix} 0.1 & 0.6 \\ 0.5 & 0.7 \end{bmatrix})$$

$$= \begin{bmatrix} 0.7 & 0.5 \\ 0.9 & 0.2 \end{bmatrix} \cup \begin{bmatrix} 0.1 & 0.3 \\ 0.5 & 0.7 \end{bmatrix} = \begin{bmatrix} 0.7 & 0.5 \\ 0.9 & 0.7 \end{bmatrix}$$

$$(\underset{\sim}{R} \cup \underset{\sim}{S}) \cap (\underset{\sim}{R} \cup \underset{\sim}{T}) = \begin{bmatrix} 0.7 & 0.5 \\ 0.9 & 0.8 \end{bmatrix} \cap \begin{bmatrix} 0.7 & 0.6 \\ 0.9 & 0.7 \end{bmatrix} = \begin{bmatrix} 0.7 & 0.5 \\ 0.9 & 0.7 \end{bmatrix}$$

2. 模糊矩阵的合成

1）合成规则

设 $\underset{\sim}{R} = (r_{ij})_{m \times n}$，$\underset{\sim}{S} = (s_{jk})_{n \times l}$ 是两个模糊矩阵，那么它们的合成 $\underset{\sim}{R} \circ \underset{\sim}{S}$ 是一个 m 行 l 列的模糊矩阵，其第 i 行第 k 列的元素等于 $\underset{\sim}{R}$ 的第 i 行元素与 $\underset{\sim}{S}$ 的第 k 列对应元素两两先取较小者，然后在所得结果中取较大者，即 $\bigvee_{j=1}^{n} (r_{ij} \wedge s_{jk})$。

注意：并非任何两个模糊矩阵都可以合成，合成的前提是第一个矩阵的列数与第二个矩阵的行数相等。

例 2.5.6 设两模糊矩阵

$$\underset{\sim}{R} = \begin{bmatrix} 0.2 & 0.5 & 1 \\ 0.7 & 0.1 & 0.8 \end{bmatrix}$$

$$\underset{\sim}{S} = \begin{bmatrix} 0.6 & 0.5 \\ 0.4 & 1 \\ 0.1 & 0.9 \end{bmatrix}$$

则

$$\underset{\sim}{R} \circ \underset{\sim}{S} = \begin{bmatrix} 0.2 & 0.5 & 1 \\ 0.7 & 0.1 & 0.8 \end{bmatrix} \circ \begin{bmatrix} 0.6 & 0.5 \\ 0.4 & 1 \\ 0.1 & 0.9 \end{bmatrix}$$

$$= \begin{bmatrix} (0.2 \wedge 0.6) \vee (0.5 \wedge 0.4) \vee (1 \wedge 0.1) & (0.2 \wedge 0.5) \vee (0.5 \wedge 1) \vee (1 \wedge 0.9) \\ (0.7 \wedge 0.6) \vee (0.1 \wedge 0.4) \vee (0.8 \wedge 0.1) & (0.7 \wedge 0.5) \vee (0.1 \wedge 1) \vee (0.8 \wedge 0.9) \end{bmatrix}$$

$$= \begin{bmatrix} 0.2 \vee 0.4 \vee 0.1 & 0.2 \vee 0.5 \vee 0.9 \\ 0.6 \vee 0.1 \vee 0.1 & 0.5 \vee 0.1 \vee 0.8 \end{bmatrix} = \begin{bmatrix} 0.4 & 0.9 \\ 0.6 & 0.8 \end{bmatrix}$$

课堂练习 2.5.1 已知两模糊矩阵为 $Q = \begin{bmatrix} 0.5 & 0.6 & 0.3 \\ 0.7 & 0.4 & 1.0 \\ 0 & 0.8 & 0 \\ 1.0 & 0.2 & 0.9 \end{bmatrix}$, $S = \begin{bmatrix} 0.2 & 1.0 \\ 0.8 & 0.4 \\ 0.5 & 0.3 \end{bmatrix}$。求

$Q \circ S$。

2）合成的运算性质

结合律：$(Q \circ R) \circ S = Q \circ (R \circ S)$。

分配律：$(Q \cup R) \circ S = (Q \circ S) \cup (R \circ S)$；$S \circ (Q \cup R) = (S \circ Q) \cup (S \circ R)$。

注意：

（1）交运算不满足关于合成的分配律，即

$$(Q \cap R) \circ S \subseteq (Q \circ S) \cap (R \circ S)$$

$$S \circ (Q \cap R) \subseteq (S \circ Q) \cap (S \circ R)$$

（2）合成运算不满足交换律，即

$$R \circ S \neq S \circ R$$

例 2.5.7 设

$$R = \begin{bmatrix} 0.5 & 0.7 \\ 0.2 & 0.8 \end{bmatrix}, \quad S = \begin{bmatrix} 0.1 & 0.4 \\ 0.6 & 0.3 \end{bmatrix}$$

则

$$R \circ S = \begin{bmatrix} 0.6 & 0.4 \\ 0.6 & 0.3 \end{bmatrix}$$

而

$$S \circ R = \begin{bmatrix} 0.2 & 0.4 \\ 0.5 & 0.6 \end{bmatrix}$$

因此，一般情况下，$R \circ S \neq S \circ R$。

三、模糊集合的直积

1. 两个模糊集合的直积

设 A 是论域 U 上的模糊集合，对于 $u \in U$，属于 A 的程度为 $\mu_A(u)$；B 是论域 V 上的模糊集合，对于 $v \in V$，属于 B 的程度为 $\mu_B(v)$。现考虑 A 和 B 的直积，定义为

$$A \times B = \int_{U \times V} \frac{\mu_A(u) \wedge \mu_B(v)}{(u,v)} \qquad (2.5.5)$$

注意：

（1）根据模糊关系的定义，$A \times B$ 是 $U \times V$ 上的一个模糊关系。

（2）既然是一个模糊关系，$A \times B$ 就可以用模糊集合表示，只是这里的元素不再是一个，而是两个，即 (u,v)。此外，上式中 $\int$ 的含义与前面的完全相同。

（3）当 U,V 是有限论域时，$\underset{\sim}{A}\times\underset{\sim}{B}$ 还可以采用模糊矩阵表示。

例 2.5.8 两论域 $U=\{1,2,3\}$，$V=\{1,2,3,4\}$ 上的模糊集合 $\underset{\sim}{A}$ 和 $\underset{\sim}{B}$ 的隶属函数分别

为 $\mu_{\underset{\sim}{A}}(u)=\dfrac{1}{1}+\dfrac{0.7}{2}+\dfrac{0.2}{3}$ 和 $\mu_{\underset{\sim}{B}}(v)=\dfrac{0.8}{1}+\dfrac{0.6}{2}+\dfrac{0.4}{3}+\dfrac{0.2}{4}$，则有

$$\underset{\sim}{A}\times\underset{\sim}{B}=\frac{0.8}{(1,1)}+\frac{0.6}{(1,2)}+\frac{0.4}{(1,3)}+\frac{0.2}{(1,4)}+\frac{0.7}{(2,1)}+\frac{0.6}{(2,2)}+\frac{0.4}{(2,3)}+$$

$$\frac{0.2}{(2,4)}+\frac{0.2}{(3,1)}+\frac{0.2}{(3,2)}+\frac{0.2}{(3,3)}+\frac{0.2}{(3,4)}$$

以上是用模糊集合的形式表示的。$\underset{\sim}{A}$ 和 $\underset{\sim}{B}$ 的直积也可以用模糊矩阵表示为

$$\underset{\sim}{A}\times\underset{\sim}{B}=\begin{bmatrix}0.8 & 0.6 & 0.4 & 0.2\\0.7 & 0.6 & 0.4 & 0.2\\0.2 & 0.2 & 0.2 & 0.2\end{bmatrix}$$

事实上，上式也可以通过如下方式得到

$$\underset{\sim}{A}\times\underset{\sim}{B}=\begin{bmatrix}1\\0.7\\0.2\end{bmatrix}\circ\begin{bmatrix}0.8 & 0.6 & 0.4 & 0.2\end{bmatrix}=\begin{bmatrix}0.8 & 0.6 & 0.4 & 0.2\\0.7 & 0.6 & 0.4 & 0.2\\0.2 & 0.2 & 0.2 & 0.2\end{bmatrix}$$

由此可以得到，两个模糊集合的直积可以通过两个模糊矩阵的合成得到。在合成的过程中，第一个模糊矩阵由第一个模糊集合的隶属度构成的列向量得到，而第二个模糊矩阵由第二个模糊集合的隶属度构成的行向量得到。这样一来，第一个模糊矩阵有 1 列，第二个模糊矩阵有 1 行，自然满足模糊矩阵合成的前提。

2. 多个模糊集合的直积

设 $\underset{\sim}{A}_j$ 是论域 U_i 上的模糊集合，对于 $u_i\in U_i$，属于 $\underset{\sim}{A}_j$ 的程度为 $\mu_{\underset{\sim}{A}_j}(u_i)$，$i=1,2,\cdots,n$，则 $\underset{\sim}{A}_1,\underset{\sim}{A}_2,\cdots,\underset{\sim}{A}_n$ 的直积是 $U_1\times U_2\times\cdots\times U_n$ 中的一个模糊集合。若为极小算子，其隶属函数为

$$\mu_{\underset{\sim}{A}_1\times\underset{\sim}{A}_2\times\cdots\times\underset{\sim}{A}_n}(u_1,u_2,\cdots,u_n)=\mu_{\underset{\sim}{A}_1}(u_1)\wedge\mu_{\underset{\sim}{A}_2}(u_2)\wedge\cdots\wedge\mu_{\underset{\sim}{A}_n}(u_n)\quad(2.5.6)$$

若为代数积算子，其隶属函数为

$$\mu_{\underset{\sim}{A}_1\times\underset{\sim}{A}_2\times\cdots\times\underset{\sim}{A}_n}(u_1,u_2,\cdots,u_n)=\mu_{\underset{\sim}{A}_1}(u_1)\cdot\mu_{\underset{\sim}{A}_2}(u_2)\cdot\cdots\cdot\mu_{\underset{\sim}{A}_n}(u_n)\quad(2.5.7)$$

注意：

（1）当模糊集合的个数多于 3 时，由不同论域得到的元素的组合个数将会很多，因此表示起来将相当复杂。当然，也无法像两个模糊集合的直积那样可以采用模糊矩阵的合成得到。

（2）通常，我们仅考虑两个模糊集合的直积，相应的，在模糊控制器中，我们一般考虑最多两个输入的情况，这便于形成模糊规则。

（3）为便于区分，直积的隶属函数在极小算子下记为 $\mu_{\wedge}$，在代数积下记为 $\mu_{.}$。在模糊控制器设计时，我们通常采用极小算子计算直积的隶属函数。

例 2.5.9 $\underset{\sim}{A},\underset{\sim}{C}$ 均为速度论域 $U=\{0,20,40,60,80,100\}$ 上的模糊集，其隶属函数分别为

$$\underset{\sim}{A} = 快 = \frac{0}{0} + \frac{0}{20} + \frac{0.3}{40} + \frac{0.7}{60} + \frac{1}{80} + \frac{1}{100}$$

$$\underset{\sim}{C} = 慢 = \frac{1}{0} + \frac{0.7}{20} + \frac{0.3}{40} + \frac{0}{60} + \frac{0}{80} + \frac{0}{100}$$

那么,在极小算子下直积 $\underset{\sim}{C} \times \underset{\sim}{A}$ 可表示为

$$\mu_{\wedge(\underset{\sim}{C}\times\underset{\sim}{A})}(u,v) = \begin{bmatrix} 1 \\ 0.7 \\ 0.3 \\ 0 \\ 0 \\ 0 \end{bmatrix} \circ [0 \quad 0 \quad 0.3 \quad 0.7 \quad 1 \quad 1]$$

$$= \begin{bmatrix} 1\wedge0 & 1\wedge0 & 1\wedge0.3 & 1\wedge0.7 & 1\wedge1 & 1\wedge1 \\ 0.7\wedge0 & 0.7\wedge0 & 0.7\wedge0.3 & 0.7\wedge0.7 & 0.7\wedge1 & 0.7\wedge1 \\ 0.3\wedge0 & 0.3\wedge0 & 0.3\wedge0.3 & 0.3\wedge0.7 & 0.3\wedge1 & 0.3\wedge1 \\ 0\wedge0 & 0\wedge0 & 0\wedge0.3 & 0\wedge0.7 & 0\wedge1 & 0\wedge1 \\ 0\wedge0 & 0\wedge0 & 0\wedge0.3 & 0\wedge0.7 & 0\wedge1 & 0\wedge1 \\ 0\wedge0 & 0\wedge0 & 0\wedge0.3 & 0\wedge0.7 & 0\wedge1 & 0\wedge1 \end{bmatrix}$$

$$= \begin{bmatrix} 0 & 0 & 0.3 & 0.7 & 1 & 1 \\ 0 & 0 & 0.3 & 0.7 & 0.7 & 0.7 \\ 0 & 0 & 0.3 & 0.3 & 0.3 & 0.3 \\ 0 & 0 & 0 & 0 & 0 & 0 \\ 0 & 0 & 0 & 0 & 0 & 0 \\ 0 & 0 & 0 & 0 & 0 & 0 \end{bmatrix}$$

在代数积算子下,直积 $\underset{\sim}{C} \times \underset{\sim}{A}$ 可表示为

$$\mu_{\cdot(\underset{\sim}{C}\times\underset{\sim}{A})}(u,v) = \begin{bmatrix} 0 & 0 & 0.3 & 0.7 & 1 & 1 \\ 0 & 0 & 0.21 & 0.49 & 0.7 & 0.7 \\ 0 & 0 & 0.09 & 0.21 & 0.3 & 0.3 \\ 0 & 0 & 0 & 0 & 0 & 0 \\ 0 & 0 & 0 & 0 & 0 & 0 \\ 0 & 0 & 0 & 0 & 0 & 0 \end{bmatrix}$$

课堂练习 2.5.2 对上述两个模糊集合,求在极小算子和代数积算子下直积 $\underset{\sim}{A} \times \underset{\sim}{C}$ 的表示。

四、模糊关系的合成

所谓合成,即由两个或两个以上的关系构成一个新的关系。

普通关系存在合成运算,如 A 和 B 是父子关系, B 和 C 是夫妻关系,则 A 和 C 就会形成一种新的关系,即公媳 = 父子。夫妻。

模糊关系也存在合成运算,是通过模糊矩阵的合成进行的。

1. 引例

例 2.5.10 某家中子女与父母的长相"相似关系"$\underset{\sim}{R}$为模糊关系,可表示为

	父	母
子	0.2	0.8
女	0.6	0.1

用模糊矩阵$\underset{\sim}{R}$表示为

$$\underset{\sim}{R} = \begin{bmatrix} 0.2 & 0.8 \\ 0.6 & 0.1 \end{bmatrix}$$

该家中,父母与祖父母的"相似关系"$\underset{\sim}{S}$也是模糊关系,可表示为

	祖父	祖母
父	0.5	0.7
母	0.1	0

用模糊矩阵$\underset{\sim}{S}$表示为

$$\underset{\sim}{S} = \begin{bmatrix} 0.5 & 0.7 \\ 0.1 & 0 \end{bmatrix}$$

那么在该家中,孙子、孙女与祖父、祖母的相似程度应该如何呢?

模糊关系的合成运算就是为了解决诸如此类的问题而提出来的。现在,先给出问题的结果,再来明确其定义。

针对此例,模糊关系的合成运算为

$$\underset{\sim}{R} \circ \underset{\sim}{S} = \begin{bmatrix} 0.2 & 0.8 \\ 0.6 & 0.1 \end{bmatrix} \circ \begin{bmatrix} 0.5 & 0.7 \\ 0.1 & 0 \end{bmatrix}$$

$$= \begin{bmatrix} (0.2 \wedge 0.5) \vee (0.8 \wedge 0.1) & (0.2 \wedge 0.7) \vee (0.8 \wedge 0) \\ (0.6 \wedge 0.5) \vee (0.1 \wedge 0.1) & (0.6 \wedge 0.7) \vee (0.1 \wedge 0) \end{bmatrix}$$

$$= \begin{bmatrix} 0.2 & 0.2 \\ 0.5 & 0.6 \end{bmatrix}$$

该结果表明,孙子与祖父、祖母的相似程度分别为 0.2 和 0.2,而孙女与祖父、祖母的相似程度分别为 0.5 和 0.6。

2. 模糊关系合成方法

$\underset{\sim}{R}$和$\underset{\sim}{S}$分别为 $U \times V$ 和 $V \times W$ 上的模糊关系,则$\underset{\sim}{R}$和$\underset{\sim}{S}$的合成是 $U \times W$ 上的模糊关系,记为$\underset{\sim}{R} \circ \underset{\sim}{S}$,其隶属函数为

$$\mu_{\underset{\sim}{R} \circ \underset{\sim}{S}}(u,w) = \bigvee_{v \in V} \{\mu_{\underset{\sim}{R}}(u,v) \wedge \mu_{\underset{\sim}{S}}(v,w)\}, u \in U, w \in W \tag{2.5.8}$$

注意:

(1) 当 U,V,W 都是有限论域时,$U \times V$ 和 $V \times W$ 也是有限论域,从而 $U \times W$ 也是有限论域。此时,$\underset{\sim}{R} \circ \underset{\sim}{S}$ 可以采用相应的模糊矩阵合成得到。

（2）由模糊矩阵的合成法则和式（2.5.8）可知，模糊关系的合成与模糊矩阵的合成之间是一一对应的。因此，只要掌握其中一个，另外一个自然可以知道。

（3）模糊关系的合成满足的运算性质与模糊矩阵完全相同。

例 2.5.11 论域 X, Y, Z 分别为

$$X = \{x_1, x_2, x_3\}$$

$$Y = \{y_1, y_2, y_3\}$$

$$Z = \{z_1, z_2\}$$

且 Q, R 分别是 $X \times Y, Y \times Z$ 上的模糊关系。那么，通过 Q, R 的合成，可以得到 $X \times Z$ 上的模糊关系，记为 S。如果

$$Q = \begin{array}{c} \\ x_1 \\ x_2 \\ x_3 \\ x_4 \end{array} \begin{array}{ccc} y_1 & y_2 & y_3 \\ \begin{bmatrix} 0.5 & 0.6 & 0.3 \\ 0.7 & 0.4 & 1 \\ 0 & 0.8 & 0 \\ 1 & 0.2 & 0.9 \end{bmatrix} \end{array}, \quad R = \begin{array}{c} \\ y_1 \\ y_2 \\ y_3 \end{array} \begin{array}{cc} z_1 & z_2 \\ \begin{bmatrix} 0.2 & 1 \\ 0.8 & 0.4 \\ 0.5 & 0.3 \end{bmatrix} \end{array}$$

那么，可以得到

$$S = Q \circ R = (s_{ij})_{4 \times 2} = \bigvee_{k=1}^{3} (q_{ik} \wedge r_{kj})$$

$$= \begin{bmatrix} 0.5 & 0.6 & 0.3 \\ 0.7 & 0.4 & 1 \\ 0 & 0.8 & 0 \\ 1 & 0.2 & 0.9 \end{bmatrix} \circ \begin{bmatrix} 0.2 & 1 \\ 0.8 & 0.4 \\ 0.5 & 0.3 \end{bmatrix}$$

$$= \begin{array}{c} \\ x_1 \\ x_2 \\ x_3 \\ x_4 \end{array} \begin{array}{cc} z_1 & z_2 \\ \begin{bmatrix} 0.6 & 0.5 \\ 0.5 & 0.7 \\ 0.8 & 0.4 \\ 0.5 & 1 \end{bmatrix} \end{array}$$

请问：上述模糊关系的合成过程与模糊矩阵的合成过程有区别吗？

上述模糊关系的合成如图 2.5.1 所示。

s_{11} 的意义可以这样理解：从 x_1 经 y_1 或 y_2、y_3 到达 z_1 有 3 条路径，每条路径的可通行度分别为

$$x_1 \xrightarrow{0.5} y_1 \xrightarrow{0.2} z_1 \quad 则 \mu_S(x_1, z_1) = 0.5 \wedge 0.2 = 0.2$$

$$x_1 \xrightarrow{0.6} y_2 \xrightarrow{0.8} z_1 \quad 则 \mu_S(x_1, z_1) = 0.6 \wedge 0.8 = 0.6$$

$$x_1 \xrightarrow{0.3} y_3 \xrightarrow{0.5} z_1 \quad 则 \mu_S(x_1, z_1) = 0.3 \wedge 0.5 = 0.3$$

为了计算从 x_1 到达 z_1 的最大可通行度，首先取每条路径中隶属度较小者，然后再从得到

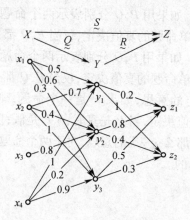

图 2.5.1　模糊关系的合成

的 3 个数值中取大者,可得

$$s_{11} = 0.2 \vee 0.6 \vee 0.3 = 0.6$$

第六节　模　糊　逻　辑

传统的逻辑学是研究概念、判断和推理形式的一门科学。从 17 世纪起,有不少数学家和哲学家开始将数学方法用于哲学的研究,出现了一门逻辑和数学相互渗透的新学科,即数理逻辑。数理逻辑建立在经典集合论的基础上,命题的真值只取 0 和 1 两个值,因此也称为二值逻辑。

一、二值逻辑

1. 一些概念

句子:用来表达一个完整概念的语言或文字符号。

命题:能判断含义真假的句子。

真命题:含义为真的句子。

假命题:含义为假的句子。

例如,"中国矿业大学位于江苏省徐州市"是一个有明确意义的句子,其含义为真,因此是一个真命题。

如果用 1 表示命题为真,用 0 表示命题为假,则一个命题的真假就可以用 1 和 0 表示。

简单命题:由一个简单句子构成的命题。例如,"中国矿业大学位于江苏省徐州市"就是一个简单命题。

复合命题:由两个或两个以上的简单命题,通过联结词联结起来的命题。

2. 基本运算

在构成复合命题时,常用的命题联结词有析取 $\vee$、合取 $\wedge$、否认 $\neg$,蕴涵 $\rightarrow$ 等,其含义分别如下。

析取∨:是"或"的意思。如果用P,Q分别表示两个命题,则由∨构成的复合命题表示为$P \vee Q$,其真值由两个简单命题的真值决定,仅当P,Q都是假时,$P \vee Q$才是假。

合取∧:是"与"的意思。如果用P,Q分别表示两个命题,则由∧构成的复合命题表示为$P \wedge Q$,其真值由两个简单命题的真值决定,仅当P,Q都是真时,$P \wedge Q$才是真。

否认¬:是对原命题否定的意思,如果P是一个命题,则由¬构成的复合命题表示为¬P,其真值由原命题的真值决定,当P是真时,¬P是假;反之亦然。

蕴涵→:表示"如果……那么……"的意思,对于两个命题P,Q,如果P成立可以推出Q也成立,那么$P \rightarrow Q$就是真的。

二、模糊逻辑

1. 提出的背景

二值逻辑的特点是:一个命题不是真命题就是假命题。

但是,在很多实际问题中,要做出这种"非真即假"的判断是很困难的。例如,"小明跑得快",这句话的含义显然是明确的,是一个命题。但是,很难判断该命题是真是假,如果说小明跑得快的程度为多少,就更加合适了。也就是说,如果一个命题的真值不是简单地取 1 或 0,而是可以在$[0,1]$内取值,这样,对此类命题的描述就更加切合实际了,那么这类命题就是模糊命题。

2. 基本概念

1)模糊命题

模糊命题是指含有模糊概念或带有模糊性的陈述句,通常用"很"、"略"、"比较"、"非常"、"大约"等模糊语气词来修饰。例如,"电动机的转速很高"、"加热炉的温度上升比较快"、"阀门的开度略大"等。

2)模糊逻辑

模糊逻辑是研究模糊命题的逻辑。模糊逻辑是扎德以其在 1972 年—1974 年期间的研究成果为基础建立起来的。他首先提出了语言值、语言变量、语言算子等关键概念,制定了模糊推理规则,为模糊逻辑奠定了基础。

众所周知,除了一些单纯、易断的问题,人类的思维能迅速地做出确定性的判断与决策外,多数情况下是极其粗略的综合,与之对应的语言表达也是模糊的,它的逻辑判断往往也是定性的。因此,模糊概念更适合于人类的观察、思维、理解和决策。

3)模糊命题真值

模糊命题的真值不是绝对的真或假,而是反映其以多大程度属于真。因此,它不仅是一个值,而是多个值,甚至是一个连续量。不妨记模糊命题的论域为U,则模糊命题的真值相当于一个从U到$[0,1]$的映射$V(\cdot):U \rightarrow [0,1]$,对于模糊命题$\underset{\sim}{P} \in U$,其真值为$V(\underset{\sim}{P}) \in [0,1]$,或者说,该模糊命题属于真的程度(隶属度)为$V(\underset{\sim}{P})$。

3. 基本运算

对于模糊命题而言,同样有模糊单命题和复合命题之分。由模糊单命题构成复合命题时,可以通过模糊析取∨、模糊合取∧、模糊否认¬,以及模糊蕴涵→等方式实现。

模糊析取∨:是"或"的意思,如果用$\underset{\sim}{P},Q$分别表示两个模糊命题,则由∨构成的复合

命题表示为 $P \vee Q$,其真值为两个简单模糊命题的真值取大,即

$$V(P \vee Q) = V(P) \vee V(Q) \tag{2.6.1}$$

例 2.6.1 若两个模糊命题分别为

P:他英语说得一般,其真值为 $V(P) = 0.7$。

Q:他汉语说得很流利,其真值为 $V(Q) = 0.8$。

那么,

$P \vee Q$:他英语说得一般或者汉语说得很流利,其真值为

$$V(P \vee Q) = V(P) \vee V(Q) = 0.7 \vee 0.8 = 0.8$$

模糊合取 $\wedge$:是"与"的意思,如果用 P,Q 分别表示两个命题,则由 $\wedge$ 构成的复合命题表示为 $P \wedge Q$,其真值为两个简单模糊命题的真值取小,即

$$V(P \wedge Q) = V(P) \wedge V(Q) \tag{2.6.2}$$

例 2.6.2 对于例 2.6.1 的两个模糊命题 P 和 Q,则

$P \wedge Q$:他英语说得一般且汉语说得很流利,其真值为

$$V(P \wedge Q) = V(P) \wedge V(Q) = 0.7 \wedge 0.8 = 0.7$$

模糊否认 $\neg$,是对原模糊命题"否定"的意思。如果 P 是一个模糊命题,则由 $\neg$ 构成的复合命题表示为 $\neg P$,其真值为 1 减去 P 的真值,即

$$V(\neg P) = 1 - V(P) \tag{2.6.3}$$

例 2.6.3 对于例 2.6.1 的模糊命题 P,则

$\neg P$:他英语说得不是一般,其真值为

$$V(\neg P) = 1 - V(P) = 1 - 0.7 = 0.3$$

模糊蕴涵 $\rightarrow$;表示"如果……那么……"的意思,对于两个模糊命题 P,Q,$P \rightarrow Q$ 表示 P 以一定程度成立推出 Q 也以一定程度成立的可靠性,其真值为

$$V(P \rightarrow Q) = (1 - V(P) + V(Q)) \wedge 1 \tag{2.6.4}$$

例 2.6.4 若模糊命题分别为

P:甲很像乙,其真值为 $V(P) = 0.7$。

Q:乙有点像甲,其真值为 $V(Q) = 0.4$。

那么,

$P \rightarrow Q$:如果甲很像乙,那么乙有点像甲,其真值为

$$V(P \rightarrow Q) = (1 - V(P) + V(Q)) \wedge 1 = (1 - 0.7 + 0.4) \wedge 1 = 0.7$$

4. 基本定律

幂等律:$P \vee P = P$;$P \wedge P = P$。

交换律:$P \vee Q = Q \vee P$;$P \wedge Q = Q \wedge P$。

结合律:$P \vee (Q \vee R) = (P \vee Q) \vee R$;$P \wedge (Q \wedge R) = (P \wedge Q) \wedge R$。

吸收律:$P \vee (P \wedge Q) = P$;$P \wedge (P \vee Q) = P$。

分配律:$P \vee (Q \wedge R) = (P \vee Q) \wedge (P \vee R)$;$P \wedge (Q \vee R) = (P \wedge Q) \vee (P \wedge R)$。

双否律:$\neg(\neg P) = P$。

德·摩根律:¬ $(\underset{\sim}{P} \vee \underset{\sim}{Q}) = (\neg \underset{\sim}{P}) \wedge (\neg \underset{\sim}{Q})$;¬ $(\underset{\sim}{P} \wedge \underset{\sim}{Q}) = (\neg \underset{\sim}{P}) \vee (\neg \underset{\sim}{Q})$。

常数运算法则:$1 \vee \underset{\sim}{P} = 1, 0 \vee \underset{\sim}{P} = \underset{\sim}{P}; 0 \wedge \underset{\sim}{P} = 0, 1 \wedge \underset{\sim}{P} = \underset{\sim}{P}$。

注意:与二值逻辑不同之处是,二值逻辑中的互补定律 $P \vee (\neg P) = 1, P \wedge (\neg P) = 0$ 在模糊逻辑中不成立,模糊逻辑的互补运算满足

$$V(\underset{\sim}{P} \vee (\neg \underset{\sim}{P})) = V(\underset{\sim}{P}) \vee V(1 - \underset{\sim}{P}); V(\underset{\sim}{P} \wedge (\neg \underset{\sim}{P})) = V(\underset{\sim}{P}) \wedge V(1 - \underset{\sim}{P})$$

三、模糊语言逻辑

1. 模糊语言

自然语言具有模糊性,自然语言的模糊性主要来自于包含的模糊化词,如较大、很快等。所谓模糊语言,是指具有模糊性的语言。

模糊语言可以对自然语言的模糊性进行分析和处理。众所周知,人们在日常生活中,交流信息用的大多是自然语言,而这种语言常用充满了不确定性的描述来表达具有模糊性的现象和事物。

模糊语言可以对连续性变化的现象和事物做出概括和抽象,也可以进行模糊分类。

模糊语言具有灵活性。在不同的场合,某一模糊概念可以代表不同的含义。

例如"高个子",在中国,可以把身高在 1.75m ~ 1.85m 之间的人归结到"高个子"的模糊概念里;而在欧洲,可能把身高在 1.80m ~ 1.90m 之间的人归结到"高个子"的模糊概念里。

模糊语言逻辑是由模糊语言构成的一种模拟人思维的逻辑。

2. 模糊数

模糊数是指论域 U 为实数集合上的具有连续隶属函数的正规凸模糊集合,记为 $\underset{\sim}{F}$。

这里,正规模糊集合就是隶属函数的最大值可以取到 1 的模糊集合,即

$$\max_{u \in U} \mu_{\underset{\sim}{F}}(u) = 1 \qquad (2.6.5)$$

凸模糊集合是指,对于任意的区间 $[a,b] \subseteq U$,如果 $a \leqslant x \leqslant b$,那么,$x$ 的隶属度不小于 a, b 隶属度的最小值,即

$$\mu_{\underset{\sim}{F}}(x) \geqslant \min \{\mu_{\underset{\sim}{F}}(a), \mu_{\underset{\sim}{F}}(b)\} \qquad (2.6.6)$$

通俗地讲,模糊数就是那些如"大约5"、"10 左右"等具有模糊概念的数。

3. 语言值

在自然语言中,与数值有直接联系的词,如长、短、多、少、高、低、重、轻、大、小等,或者由它们再加上语言算子,如很、非常、较、偏等,而派生出来的词组,如很长、非常多、较高、偏重等,称为语言值。语言值一般是模糊的,可以用模糊数来表示。

例 2.6.5 成年男子身高的论域为(为便于讨论,只考虑几个离散值(单位:cm))

$$H = \{h_1, h_2, \cdots, h_9\} = \{130, 140, 150, 160, 170, 180, 190, 200, 210\}$$

在论域 H 上定义语言值

$$高 = \frac{0.2}{h_4} + \frac{0.4}{h_5} + \frac{0.6}{h_6} + \frac{0.8}{h_7} + \frac{0.95}{h_8} + \frac{1}{h_9}$$

$$矮 = \frac{1}{h_1} + \frac{0.7}{h_2} + \frac{0.5}{h_3} + \frac{0.3}{h_4} + \frac{0.1}{h_5}$$

注意：

（1）语言值既然可以采用模糊数表示，而模糊数又是正规凸模糊集合，因此完全可以采用任何一种模糊集合的方法表示一个语言值。

（2）由于语言值是正规模糊集合，因此必然至少存在一个元素，其属于该语言值的程度为 1。如 h_9 对"高"的隶属度为 1，h_1 对"矮"的隶属度也为 1。

（3）由于语言值是凸模糊集合，故各元素属于该模糊集合的程度应符合常理。例如，$h_4 = 160$ 属于"高"的程度为 0.2，该值小于 $h_6 = 180$ 属于"高"的程度，即 0.6。如果反过来，即 $h_6 = 180$ 比 $h_4 = 160$ 属于"高"的程度还小，这就与常理相违反了。从直观上看，语言值的隶属函数应具有"馒头状"。

4. 语言变量

语言变量，是指采用自然语言中的词描述的、取值为语言值的变量。即语言变量就是一个变量，该变量用自然语言中的一个词描述，该变量的取值是一个语言值。

注意：

（1）语言变量是一个变量，既然是一个变量，就应该定义在某一个论域上，并取一定的值。这里，语言变量所定义的论域可以是自然语言的全体，取值由相应的语言变量的含义而定。

（2）容易理解，语言变量的取值不是所有的语言值，或者说，只有"意义相关"才可能作为该语言变量的语言值。例如，"年龄"这个语言变量，其取值可以为"年幼"、"年轻"、"年老"等，因为这些语言值都与"年龄"相关；而"偏重"、"很快"等就不能作为"年龄"的语言值，因为它们与"年龄"意义不相关。

（3）在模糊控制器设计时，语言变量是不可缺少的。例如，调速模糊控制系统中的"速度"，炉温模糊控制系统中的"温度"等。

（4）人们定义一个语言变量，仅给出变量的名字是不够的。一般来讲，需要说明如下 4 个方面的内容，称为四要素，即变量名称 x、变量的论域 U、变量的语言值集合 $\{\underset{\sim}{X_i}, i = 1, 2, \cdots, n\}$，以及每个语言值的隶属函数 $\mu_{\underset{\sim}{X_i}}(u)$，$i = 1, 2, \cdots, n$。

例 2.6.6 请给出语言变量"速度"的四要素。

（1）变量名称 x 是"速度"；

（2）"速度"的论域为 $U = [0, 200]$（单位：km/h）；

（3）在 $U = [0, 200]$ 上考虑的语言值集合为 $\{慢, 适中, 快\}$；

（4）这些语言值的隶属函数分别表示为

$$\mu_{慢}(u) = \begin{cases} 1 & 0 \leqslant u \leqslant 50 \\ 2 - \dfrac{u}{50} & 50 < u \leqslant 100 \\ 0 & 100 < u \leqslant 200 \end{cases}$$

$$\mu_{适中}(u) = \begin{cases} 0 & 0 \leqslant u \leqslant 50 \\ \dfrac{u}{50} - 1 & 50 < u \leqslant 100 \\ 3 - \dfrac{u}{50} & 100 < u \leqslant 150 \\ 0 & 150 < u \leqslant 200 \end{cases}$$

$$\mu_{快}(u) = \begin{cases} 0 & 0 \leqslant u \leqslant 100 \\ \dfrac{u}{50} - 2 & 100 < u \leqslant 150 \\ 1 & 150 < u \leqslant 200 \end{cases}$$

这些语言值的隶属函数的图形如图2.6.1所示。

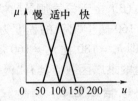

图2.6.1 "速度"语言值的
隶属函数

5. 语言算子

语言算子,是对语言作用的算子,即这个算子的作用对象是语言。在自然语言中,有一些词可以表达语气的肯定程度,如"非常"、"很"、"极"等;也有一些词,如"大概"、"近似于"等,置于某个词前面,使该词意义变为模糊;还有一些词,如"偏向"、"倾向于"等,可使词义由模糊变为肯定。

因此,语言算子可以分为3类,即语气算子、模糊化算子、判定化算子等。本书只讲语气算子,关于后面两种语言算子,感兴趣的读者可参阅相关的文献。

1) 语气算子的概念

语气算子用来表达语言中对某一单词或词组确定性的程度。这里有两种截然相反的情况:

一种是有强化作用的语气算子,如"很"、"非常"等。这种算子使得语言值的隶属函数的分布向中央集中,常称为集中化算子或强化算子,如图2.6.2所示。

另一种是有淡化作用的语气算子,如"较"、"稍微"等,这种算子使得语言值的隶属函数的分布由中央向两边弥散,常称为松散化算子或淡化算子,如图2.6.3所示。

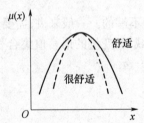

图2.6.2 温度"很舒适"的隶属函数

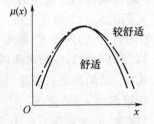

图2.6.3 温度"较舒适"的隶属函数

2) 语气算子的数学表示

考虑论域 U 上的语言值 $\underset{\sim}{A}$,经过语气算子 H_λ 作用后,形成一个新的语言值 $H_\lambda(\underset{\sim}{A})$。记 $\underset{\sim}{A}$ 的隶属函数为 $\mu_{\underset{\sim}{A}}(u)$,$H_\lambda(\underset{\sim}{A})$ 的隶属函数为 $\mu_{H_\lambda(\underset{\sim}{A})}(u)$,则有

$$\mu_{H_\lambda(\underset{\sim}{A})}(u) = (\mu_{\underset{\sim}{A}}(u))^\lambda \qquad (2.6.7)$$

不同的语气算子,λ 的取值不同。常用的有以下几种。

"极":$\lambda = 4$;"非常":$\lambda = 3$;"很":$\lambda = 2$;"相当":$\lambda = 1.5$。

"比较":$\lambda = 0.8$;"略":$\lambda = 0.6$;"稍":$\lambda = 0.4$;"有点":$\lambda = 0.2$。

注意:

(1) 语气的强弱程度因人而异,对于某一特定的语气词,相应 λ 的取值并不完全一样。

（2）某一语气词对应的 λ 取值也是不能随意的,应该具有合乎逻辑的对应关系。例如,不能取与"非常"对应的 λ 值小于与"很"对应的 λ 值,这不符合常理。

（3）语气词虽然改变了语言值的隶属函数的坡度,但并没有改变其类型。例如,语言值的隶属函数是三角形的,经过语气词作用后,新的语言值的隶属函数仍然是三角形的,所改变的只是三角形的两只"脚"。

例 2.6.7 以"年老"为例,说明语气算子的作用,这里"年老"的隶属函数为

$$\mu_{年老}(x) = \begin{cases} 0 & 0 \leqslant x \leqslant 50 \\ \dfrac{1}{1 + \left[\dfrac{1}{5}(x - 50)\right]^{-2}} & x > 50 \end{cases}$$

由于与"很"对应的 $\lambda = 2$,因此"很老"的隶属函数为

$$\mu_{很老}(x) = \begin{cases} 0 & 0 \leqslant x \leqslant 50 \\ \left[\dfrac{1}{1 + \left[\dfrac{1}{5}(x - 50)\right]^{-2}}\right]^2 & x > 50 \end{cases}$$

类似的,由于与"有点"对应的 $\lambda = 0.2$,因此"有点老"的隶属函数为

$$\mu_{有点老}(x) = \begin{cases} 0 & 0 \leqslant x \leqslant 50 \\ \left[\dfrac{1}{1 + \left[\dfrac{1}{5}(x - 50)\right]^{-2}}\right]^{0.2} & x > 50 \end{cases}$$

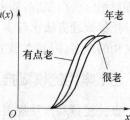

图 2.6.4　"年老"、"很老"、"有点老"的隶属函数

"年老"、"很老"、"有点老"这 3 个语言值的隶属函数如图 2.6.4 所示。

第七节　模糊推理

一、传统推理及其局限性

传统的推理方法,如演绎推理和归纳推理都是严格的,这体现为只要推理规则正确,且前提是肯定的,那么就一定能得到确定的结论。

例 2.7.1 考虑如下推理:

规则:考试成绩大于 60 分,就可以取得该门课程的学分。

前提:小明考试成绩为 65 分。

结论:小明可以取得该门课程的学分。

然而,在现实生活中,人们获得的信息常常是不精确的、不完全的,或者事实本身就是模糊而不能完全确定的。但是,又需要人们利用这些信息进行判断和决策。

例 2.7.2 考虑如下推理:

规则:运动员的腿长,跑步的速度就快。

前提:小明的腿很长。

请问:小明跑步的速度如何?

对于这类问题,利用传统的推理方法是无法得到结果的,这是因为前提与规则中均含有模糊概念。而人们却很容易地给出如下的推理结果:小明跑步的速度很快。这就是模糊推理。

二、模糊推理

模糊推理是一种不确定性推理方法,其基础是模糊逻辑,是在二值逻辑三断论的基础上发展起来的。用这种推理方法得到的结论与通常的推理结果一致或相近,并在实际使用中得到了验证。因此,这种推理方法已经受到了广泛的重视。

模糊推理,是以模糊判断为前提,运用模糊规则,推出一个新的模糊判断的方法。

再看看前面的例子,这里"腿很长"是一个模糊概念。因此,前提"小明的腿很长"是一个模糊判断,即含有模糊概念的判断;"腿长"和"速度快"也都是模糊概念。因此,规则"运动员的腿长,跑步的速度就快"是一个模糊规则;通过推理,得到的结论"小明跑步的速度很快"是一个新的模糊判断。因此,上述推理是典型的模糊推理。

判断一个推理过程是否属于模糊推理的标准:推理过程是否具有模糊性,具体表现为推理规则是否模糊的,如果是模糊的就属于模糊推理,否则就不属于模糊推理。

模糊推理方法比较多,但常用的模糊推理方法主要有扎德方法和玛丹尼方法,其中后者使用的最多,因此本书主要介绍玛丹尼方法。

三、常用的模糊推理

条件变量和推理规则的个数将决定模糊推理的复杂性,容易理解,条件变量且推理规则越少,模糊推理过程越简单;反之,模糊推理过程越复杂。

为便于理解模糊推理过程,根据条件变量和推理规则的数量将模糊推理分为如下四类,即近似推理、模糊条件推理、多输入模糊推理、多输入多规则推理。其中:近似推理含有一个条件变量和一条推理规则;模糊条件推理含有一个条件变量和两条推理规则;多输入模糊推理含有多个条件变量和一条推理规则;多输入多规则推理含有多个条件变量和多条推理规则。下面分别阐述。

1. 近似推理

1)背景

在控制系统中,经常存在如下问题:当规则为"如果温度低,则控制电压就大"时,如果温度很低,则控制电压将为多少呢? 很自然,用人们的常识可以推知:如果温度很低,则控制电压就很大。

2)定义及表示

上述推理只含有一个条件变量,即"温度"。此外,只含有一条推理规则,即"如果温度低,则控制电压就大",这种推理方式称为模糊近似推理。

一般的,模糊近似推理可以表示为

规则:如果 x 是 $\underset{\sim}{A}$,则 y 是 $\underset{\sim}{B}$。

前提:如果 x 是 $\underset{\sim}{A}'$。

结论:y 是?

其中：

x 是条件变量，或称前件变量，是一个语言变量，如"温度"，其论域为 U；

y 是结论变量，或称后件变量，也是一个语言变量，如"电压"，其论域为 V；

$\underset{\sim}{A}$ 和 $\underset{\sim}{A}'$ 是条件变量论域 U 上的两个语言值，因此是两个模糊集合，如"低"、"很低"等；

$\underset{\sim}{B}$ 是结论变量论域 V 上的语言值，因此也是模糊集合，如"大"；

? 应该是结论变量论域 V 上的语言值，因此也是模糊集合，如"很大"。

现在应做的事情是求出"?"这一模糊集合，从而推知其表示的语言值，进而得到推理结论。

3）模糊蕴涵关系

显而易见，规则"如果 x 是 $\underset{\sim}{A}$，则 y 是 $\underset{\sim}{B}$"反映了论域 U 到 V 上的关系。由于规则的形式是"如果……，则……"，因此上述关系是一个蕴涵关系；由于规则含有语言值，因此上述关系还是一个模糊关系。也就是说，上述规则是 $U \times V$ 上的模糊蕴涵关系，记为 $\underset{\sim}{A} \rightarrow \underset{\sim}{B}$。

可以采用不同的推理方法表示 $\underset{\sim}{A} \rightarrow \underset{\sim}{B}$，常用的有扎德方法和玛丹尼方法。

扎德方法将 $\underset{\sim}{A} \rightarrow \underset{\sim}{B}$ 表示为

$$\underset{\sim}{A} \rightarrow \underset{\sim}{B} = (\underset{\sim}{A} \times \underset{\sim}{B}) \cup (\underset{\sim}{A}^c \times V)$$
$$= \int_{U \times V} \frac{(\mu_{\underset{\sim}{A}}(u) \wedge \mu_{\underset{\sim}{B}}(v)) \vee ((1 - \mu_{\underset{\sim}{A}}(u)) \wedge 1)}{(u, v)} \tag{2.7.1}$$

思考： 为什么式（2.7.1）中会出现 1？

玛丹尼方法将 $\underset{\sim}{A} \rightarrow \underset{\sim}{B}$ 表示为

$$\underset{\sim}{A} \rightarrow \underset{\sim}{B} = \underset{\sim}{A} \times \underset{\sim}{B} = \int_{U \times V} \frac{\mu_{\underset{\sim}{A}}(u) \wedge \mu_{\underset{\sim}{B}}(v)}{(u, v)} \tag{2.7.2}$$

注意：

（1）$\underset{\sim}{A} \rightarrow \underset{\sim}{B}$ 是一个模糊关系，而模糊关系又是 $U \times V$ 上的模糊集合。因此，可以采用任何的模糊集合方法表示 $\underset{\sim}{A} \rightarrow \underset{\sim}{B}$，如式（2.7.1）和式（2.7.2）。

（2）当 U 和 V 均为有限论域时，$U \times V$ 也是有限论域，可以采用模糊矩阵表示 $\underset{\sim}{A} \rightarrow \underset{\sim}{B}$。

（3）通常考虑的论域均为有限的，因此 $\underset{\sim}{A} \rightarrow \underset{\sim}{B}$ 一般采用矩阵的形式表示。只有在特殊的场合，才将该矩阵写成向量的形式，如多输入模糊推理。

4）模糊推理结果

不妨记结论中的语言值为 $\underset{\sim}{B}'$。上述推理过程相当于一个模糊变换器，该变换器的输入为 $\underset{\sim}{A}'$，产生的变换是 $\underset{\sim}{A} \rightarrow \underset{\sim}{B}$，变换器的输出为 $\underset{\sim}{B}'$，那么 $\underset{\sim}{B}'$ 可通过 $\underset{\sim}{A}'$ 与 $\underset{\sim}{A} \rightarrow \underset{\sim}{B}$ 的合成得到，即

$$\underset{\sim}{B}' = \underset{\sim}{A}' \circ (\underset{\sim}{A} \rightarrow \underset{\sim}{B}) = \int_V \bigvee_{u \in U} (\mu_{\underset{\sim}{A}'}(u) \wedge \mu_{\underset{\sim}{A} \rightarrow \underset{\sim}{B}}(u, v)) \tag{2.7.3}$$

注意：

（1）考虑 U 和 V 均为有限论域的情况，并记 U 和 V 包含的元素个数分别为 m 和 n，那么 $\underset{\sim}{A} \rightarrow \underset{\sim}{B}$ 可以用 m 行 n 列矩阵表示。此外，$\underset{\sim}{A}'$ 作为 U 上的模糊集合，可以用含有 m 个元素的行向量表示，当然也可以看成一个 1 行 m 列矩阵。这样就满足矩阵合成的前提。因此，合成的结果 $\underset{\sim}{B}'$ 将是含有 n 个元素的行向量，它就是 V 上的模糊集合。

（2）一般来讲,采用不同的推理方法得到的推理结果是不同的,这体现在 B' 的隶属函数的表达形式是不同的,但 B' 表示的语言值却是接近的。

（3）人们很难笼统地讲哪种推理方法好,评价一种推理方法的优劣,主要看是否与人们通常的推理结果相符。

例 2.7.3 论域 $U = V = \{1,2,3,4,5\}$ 上的模糊集合"小"、"大"和"较小"分别定义为

$$小 = \frac{1}{1} + \frac{0.7}{2} + \frac{0.3}{3}$$

$$大 = \frac{0.4}{3} + \frac{0.7}{4} + \frac{1}{5}$$

$$较小 = \frac{1}{1} + \frac{0.6}{2} + \frac{0.4}{3} + \frac{0.2}{4}$$

已知规则"若 x 小,则 y 大",求 x 较小时的推理结果。

记 $\underset{\sim}{A}$ 为语言值"小", $\underset{\sim}{B}$ 为语言值"大", $\underset{\sim}{A'}$ 为语言值"较小", $\underset{\sim}{B'}$ 为推理结果的语言值,那么 $\underset{\sim}{A}, \underset{\sim}{B}, \underset{\sim}{A'}$ 可以采用向量表示为

$$\underset{\sim}{A} = (1 \quad 0.7 \quad 0.3 \quad 0 \quad 0)$$
$$\underset{\sim}{B} = (0 \quad 0 \quad 0.4 \quad 0.7 \quad 1)$$
$$\underset{\sim}{A'} = (1 \quad 0.6 \quad 0.4 \quad 0.2 \quad 0)$$

思考: 为什么上述表示中的"0"不能省略?

首先,求取模糊蕴涵关系,为此

$$\underset{\sim}{A} \times \underset{\sim}{B} = \int_{U \times V} \frac{\mu_{\underset{\sim}{A}}(u) \wedge \mu_{\underset{\sim}{B}}(v)}{(u,v)} = \begin{bmatrix} 1 \\ 0.7 \\ 0.3 \\ 0 \\ 0 \end{bmatrix} \circ [0 \quad 0 \quad 0.4 \quad 0.7 \quad 1]$$

$$= \begin{bmatrix} 0 & 0 & 0.4 & 0.7 & 1 \\ 0 & 0 & 0.4 & 0.7 & 0.7 \\ 0 & 0 & 0.3 & 0.3 & 0.3 \\ 0 & 0 & 0 & 0 & 0 \\ 0 & 0 & 0 & 0 & 0 \end{bmatrix}$$

$$\underset{\sim}{A^c} \times V = \int_{U \times V} \frac{(1 - \mu_{\underset{\sim}{A}}(u)) \wedge 1}{(u,v)} = \begin{bmatrix} 0 \\ 0.3 \\ 0.7 \\ 1 \\ 1 \end{bmatrix} \circ [1 \quad 1 \quad 1 \quad 1 \quad 1]$$

$$= \begin{bmatrix} 0 & 0 & 0 & 0 & 0 \\ 0.3 & 0.3 & 0.3 & 0.3 & 0.3 \\ 0.7 & 0.7 & 0.7 & 0.7 & 0.7 \\ 1 & 1 & 1 & 1 & 1 \\ 1 & 1 & 1 & 1 & 1 \end{bmatrix}$$

思考：为什么第二个式子中会出现向量(1 1 1 1 1)，而且元素的个数为5？

按照扎德方法，可以得到

$$A \to B = (A \times B) \cup (A^c \times V)$$

$$= \begin{bmatrix} 0 & 0 & 0.4 & 0.7 & 1 \\ 0 & 0 & 0.4 & 0.7 & 0.7 \\ 0 & 0 & 0.3 & 0.3 & 0.3 \\ 0 & 0 & 0 & 0 & 0 \\ 0 & 0 & 0 & 0 & 0 \end{bmatrix} \vee \begin{bmatrix} 0 & 0 & 0 & 0 & 0 \\ 0.3 & 0.3 & 0.3 & 0.3 & 0.3 \\ 0.7 & 0.7 & 0.7 & 0.7 & 0.7 \\ 1 & 1 & 1 & 1 & 1 \\ 1 & 1 & 1 & 1 & 1 \end{bmatrix}$$

$$= \begin{bmatrix} 0 & 0 & 0.4 & 0.7 & 1 \\ 0.3 & 0.3 & 0.4 & 0.7 & 0.7 \\ 0.7 & 0.7 & 0.7 & 0.7 & 0.7 \\ 1 & 1 & 1 & 1 & 1 \\ 1 & 1 & 1 & 1 & 1 \end{bmatrix}$$

按照玛丹尼方法，可以得到

$$A \to B = A \times B = \begin{bmatrix} 0 & 0 & 0.4 & 0.7 & 1 \\ 0 & 0 & 0.4 & 0.7 & 0.7 \\ 0 & 0 & 0.3 & 0.3 & 0.3 \\ 0 & 0 & 0 & 0 & 0 \\ 0 & 0 & 0 & 0 & 0 \end{bmatrix}$$

然后，求推理结果的语言值 B'。

按照扎德方法，可以得到

$$B' = A' \circ (A \to B) = \int_V \bigvee_{u \in U} (\mu_{A'}(u) \wedge \mu_{A \to B}(u,v))$$

$$= \begin{bmatrix} 1 & 0.6 & 0.4 & 0.2 & 0 \end{bmatrix} \circ \begin{bmatrix} 0 & 0 & 0.4 & 0.7 & 1 \\ 0.3 & 0.3 & 0.4 & 0.7 & 0.7 \\ 0.7 & 0.7 & 0.7 & 0.7 & 0.7 \\ 1 & 1 & 1 & 1 & 1 \\ 1 & 1 & 1 & 1 & 1 \end{bmatrix}$$

$$= \begin{bmatrix} 0.4 & 0.4 & 0.4 & 0.7 & 1 \end{bmatrix}$$

或写成

$$B' = \frac{0.4}{1} + \frac{0.4}{2} + \frac{0.4}{3} + \frac{0.7}{4} + \frac{1}{5}$$

对比语言值"大"的表达形式容易推知，这里 B' 表示的语言值是"较大"。

类似的，按照玛丹尼方法，可以得到

$$B' = A' \circ (A \to B) = \int_V \bigvee_{u \in U} (\mu_{A'}(u) \wedge \mu_{A \to B}(u,v))$$

$$= \begin{bmatrix} 1 & 0.6 & 0.4 & 0.2 & 0 \end{bmatrix} \circ \begin{bmatrix} 0 & 0 & 0.4 & 0.7 & 1 \\ 0 & 0 & 0.4 & 0.7 & 0.7 \\ 0 & 0 & 0.3 & 0.3 & 0.3 \\ 0 & 0 & 0 & 0 & 0 \\ 0 & 0 & 0 & 0 & 0 \end{bmatrix} = \begin{bmatrix} 0 & 0 & 0.4 & 0.7 & 1 \end{bmatrix}$$

或写成

$$\underset{\sim}{B}' = \frac{0.4}{3} + \frac{0.7}{4} + \frac{1}{5}$$

对比语言值"大"的表达形式容易知道,这里 $\underset{\sim}{B}'$ 表示的语言值是"大"。

最后,按照扎德方法,得到 x 较小时的推理结果为 y 较大;按照玛丹尼方法,得到 x 较小时的推理结果为 y 大。

通过上述推理结果容易知道,对于本例,按照扎德方法得到的推理结果更好。

课堂练习 2.7.1 已知两个语言变量为"偏差"和"控制量",分别记为 e 和 c,其论域为 $U = V = \{1,2,3,4,5\}$,在论域上的语言值为"小"、"大"、"略小",分别记为 $\underset{\sim}{S}$、$\underset{\sim}{B}$、$\underset{\sim}{S}'$,且有

$$\underset{\sim}{S} = (1 \quad 0.8 \quad 0.3 \quad 0.1 \quad 0)$$
$$\underset{\sim}{B} = (0 \quad 0.1 \quad 0.3 \quad 0.8 \quad 1)$$
$$\underset{\sim}{S}' = (1 \quad 0.89 \quad 0.55 \quad 0.32 \quad 0)$$

（1）求由模糊规则"如果 e 小,则 c 大"确定的模糊蕴涵关系 $\underset{\sim}{S} \rightarrow \underset{\sim}{B}$;（2）如果 e 是略小,求相应控制量的语言值。

2. 模糊条件推理

1）背景

在控制系统中,如下问题是更常见的:当规则为"如果温度低,则控制电压就大;否则,控制电压就小"时,如果温度很低,则控制电压将该多少呢?

2）定义及表示

上述推理只含有一个条件变量,即"温度"。此外,含有两条推理规则,即"如果温度低,则控制电压就大"以及"如果温度不低,则控制电压就小",这种推理方式称为模糊条件推理。

一般的,模糊条件推理可以表示为

规则:如果 x 是 $\underset{\sim}{A}$,则 y 是 $\underset{\sim}{B}$;否则 y 是 $\underset{\sim}{C}$。

前提:如果 x 是 $\underset{\sim}{A}'$。

结论:y 是?

其中:

x 和 y 分别是条件变量和结论变量,均为语言变量,其论域分别为 U 和 V;

$\underset{\sim}{A}$ 和 $\underset{\sim}{A}'$ 是 U 上的两个语言值,$\underset{\sim}{B}$ 和 $\underset{\sim}{C}$ 是 V 上的两个语言值;

? 应该是 V 上的语言值。

现应做的事情是求出"?"这一模糊集合,从而推知其表示的语言值,进而得到推理结论。

54

3）与近似推理模糊规则的异同

显而易见，这里的模糊规则可以拆分成如下两个：

规则 1：如果 x 是 $\underset{\sim}{A}$，则 y 是 $\underset{\sim}{B}$。

规则 2：如果 x 是 $\underset{\sim}{A^c}$，则 y 是 $\underset{\sim}{C}$。

每一个规则与近似推理中的模糊规则完全相同，两个规则之间是"模糊析取（即或）"的关系。这样一来，就可以利用近似推理的结果得到模糊蕴涵关系以及推理结果。

4）模糊蕴涵关系

分别记规则 1 和规则 2 确定的 $U \times V$ 上的模糊蕴涵关系为 $\underset{\sim}{A} \to \underset{\sim}{B}$ 和 $\underset{\sim}{A^c} \to \underset{\sim}{C}$，并记模糊条件推理的规则确定的 $U \times V$ 上的模糊蕴涵关系为 $\underset{\sim}{R}$，则有

$$\underset{\sim}{R} = (\underset{\sim}{A} \to \underset{\sim}{B}) \cup (\underset{\sim}{A^c} \to \underset{\sim}{C}) \tag{2.7.4}$$

注意：

（1）将模糊条件推理中的规则拆分成两个规则，每一个规则对应一个模糊蕴涵关系，且这两个规则之间是"模糊析取"关系，这样一来，模糊条件推理的规则就对应为两个模糊蕴涵关系的"并"。

（2）当上述每一个关系均可以采用模糊矩阵表示时，模糊条件推理中的规则就可以采用这两个模糊矩阵的"并"表示。

（3）在求取 $\underset{\sim}{A} \to \underset{\sim}{B}$ 和 $\underset{\sim}{A^c} \to \underset{\sim}{C}$ 时，可以采用扎德方法，也可以采用玛丹尼方法。但一般来讲，二者应采用相同的方法，不能采用扎德方法求 $\underset{\sim}{A} \to \underset{\sim}{B}$，同时采用玛丹尼方法求 $\underset{\sim}{A^c} \to \underset{\sim}{C}$。

利用玛丹尼方法，可以得到

$$\underset{\sim}{R} = (\underset{\sim}{A} \to \underset{\sim}{B}) \cup (\underset{\sim}{A^c} \to \underset{\sim}{C}) = (\underset{\sim}{A} \times \underset{\sim}{B}) \cup (\underset{\sim}{A^c} \times \underset{\sim}{C})$$

$$= \int_{U \times V} \frac{(\mu_{\underset{\sim}{A}}(u) \wedge \mu_{\underset{\sim}{B}}(v)) \vee (\mu_{\underset{\sim}{A^c}}(u) \wedge \mu_{\underset{\sim}{C}}(v))}{(u, v)} \tag{2.7.5}$$

如果利用扎德方法，也可以得到 $\underset{\sim}{R}$ 的表达形式，但与式（2.7.5）会有所区别。感兴趣的读者可自行推导，不赘述。

5）模糊推理结果

不妨记结论中的语言值为 $\underset{\sim}{B'}$，那么 $\underset{\sim}{B'}$ 可通过 $\underset{\sim}{A'}$ 与 $\underset{\sim}{R}$ 的合成得到，即

$$\underset{\sim}{B'} = \underset{\sim}{A'} \circ \underset{\sim}{R} = \int_V \bigvee_{u \in U} (\mu_{\underset{\sim}{A'}}(u) \wedge \mu_{\underset{\sim}{R}}(u, v)) \tag{2.7.6}$$

由 $\underset{\sim}{B'}$ 的表示形式，可以推知其代表的语言值。

例 2.7.4 当一个系统的输入为 $\underset{\sim}{A}$ 时，输出为 $\underset{\sim}{B}$，否则输出为 $\underset{\sim}{C}$。在输入论域 $U = \{u_1, u_2, u_3\}$ 和输出论域 $V = \{v_1, v_2, v_3\}$ 上分别定义

$$\underset{\sim}{A} = \frac{1}{u_1} + \frac{0.4}{u_2} + \frac{0.1}{u_3}$$

$$\underset{\sim}{B} = \frac{0.8}{v_1} + \frac{0.5}{v_2} + \frac{0.2}{v_3}$$

$$\underset{\sim}{C} = \frac{0.5}{v_1} + \frac{0.6}{v_2} + \frac{0.7}{v_3}$$

如果系统的输入为 $\underset{\sim}{A'} = \frac{0.2}{u_1} + \frac{1}{u_2} + \frac{0.4}{u_3}$，求相应的输出 $\underset{\sim}{D}$。

（1）求取模糊蕴涵关系，为此

$$\underset{\sim}{A} \to \underset{\sim}{B} = \underset{\sim}{A} \times \underset{\sim}{B} = \begin{bmatrix} 1 \\ 0.4 \\ 0.1 \end{bmatrix} \circ [0.8 \quad 0.5 \quad 0.2] = \begin{bmatrix} 0.8 & 0.5 & 0.2 \\ 0.4 & 0.4 & 0.2 \\ 0.1 & 0.1 & 0.1 \end{bmatrix}$$

$$\underset{\sim}{A}^c \to \underset{\sim}{C} = \underset{\sim}{A}^c \times \underset{\sim}{C} = \begin{bmatrix} 0 \\ 0.6 \\ 0.9 \end{bmatrix} \circ [0.5 \quad 0.6 \quad 0.7] = \begin{bmatrix} 0 & 0 & 0 \\ 0.5 & 0.6 & 0.6 \\ 0.5 & 0.6 & 0.7 \end{bmatrix}$$

那么，

$$\underset{\sim}{R} = (\underset{\sim}{A} \to \underset{\sim}{B}) \cup (\underset{\sim}{A}^c \to \underset{\sim}{C}) = (\underset{\sim}{A} \times \underset{\sim}{B}) \cup (\underset{\sim}{A}^c \times \underset{\sim}{C})$$

$$= \begin{bmatrix} 0.8 & 0.5 & 0.2 \\ 0.4 & 0.4 & 0.2 \\ 0.1 & 0.1 & 0.1 \end{bmatrix} \cup \begin{bmatrix} 0 & 0 & 0 \\ 0.5 & 0.6 & 0.6 \\ 0.5 & 0.6 & 0.7 \end{bmatrix} = \begin{bmatrix} 0.8 & 0.5 & 0.2 \\ 0.5 & 0.6 & 0.6 \\ 0.5 & 0.6 & 0.7 \end{bmatrix}$$

（2）求取相应于$\underset{\sim}{A}'$的输出$\underset{\sim}{D}$，根据式（2.7.6）可得

$$\underset{\sim}{D} = \underset{\sim}{A}' \circ \underset{\sim}{R}$$

$$= [0.2 \quad 1 \quad 0.4] \circ \begin{bmatrix} 0.8 & 0.5 & 0.2 \\ 0.5 & 0.6 & 0.6 \\ 0.5 & 0.6 & 0.7 \end{bmatrix} = [0.5 \quad 0.6 \quad 0.6]$$

或写成

$$\underset{\sim}{D} = \frac{0.5}{v_1} + \frac{0.6}{v_2} + \frac{0.6}{v_3}$$

课堂练习 2.7.2 已知两个语言变量为"偏差"和"控制量"，分别记为 e 和 c，其论域为 $U = V = \{1,2,3,4,5\}$，在论域上的语言值为"小"、"大"、"略小"、"很大"、"不很大"，前三个语言值分别记为$\underset{\sim}{S}$、$\underset{\sim}{B}$和$\underset{\sim}{S}'$，且有

$$\underset{\sim}{S} = (1 \quad 0.8 \quad 0.3 \quad 0.1 \quad 0)$$
$$\underset{\sim}{B} = (0 \quad 0.1 \quad 0.3 \quad 0.8 \quad 1)$$
$$\underset{\sim}{S}' = (1 \quad 0.89 \quad 0.55 \quad 0.32 \quad 0)$$

若记"很大"为$\underset{\sim}{G}$，那么容易得到

$$\underset{\sim}{G} = (0 \quad 0.01 \quad 0.09 \quad 0.64 \quad 1)$$

以及"不很大"

$$\underset{\sim}{G}^c = (1 \quad 0.99 \quad 0.91 \quad 0.36 \quad 0)$$

（1）求由模糊规则"如果 e 小，则 c 大；否则，c 不很大"确定的模糊蕴涵关系$\underset{\sim}{R}$；

（2）如果 e 是略小，求相应控制量的语言值。

3. 多输入模糊推理

1）背景

在恒速控制系统中，设计两输入单输出模糊控制器时，经常遇到如下推理规则：如果速度偏差较大，且速度偏差的变化量也较大，那么加大控制电压。问：如果速度偏差较小，且速度偏差的变化量也较小，则控制电压将如何调节呢？得到该推理结果需要采用多输

入模糊推理。

2）定义及表示

上述推理含有两个条件变量,即"偏差"和"偏差的变化量"。此外,只含有一条推理规则,即"如果速度偏差较大,且速度偏差的变化量也较大,那么加大控制电压"。这种推理方式称为两输入模糊推理。

显而易见,设计模糊控制器时,条件变量的个数不限于两个,可以是多个,相应地模糊推理称为多输入模糊推理。

但是,在实际的模糊控制器设计中,条件变量个数的增加不但使得模糊规则表示复杂,而且使得模糊规则数量急剧增加,这大大增加了设计的难度。鉴于此,一般模糊控制规则的条件变量个数不超过两个。因此,本书主要阐述两输入模糊推理。

一般的,两输入模糊推理可以表示为:

规则:如果 x 是 $\underset{\sim}{A}$,且 y 是 $\underset{\sim}{B}$,则 z 是 $\underset{\sim}{C}$。

前提:如果 x 是 $\underset{\sim}{A}'$,且 y 是 $\underset{\sim}{B}'$。

结论:z 是?

其中:

x 和 y 是条件变量,z 是结论变量,均为语言变量,其论域分别为 U_1,U_2 和 V;

$\underset{\sim}{A}$ 和 $\underset{\sim}{A}'$ 是 U_1 上的两个语言值,$\underset{\sim}{B}$ 和 $\underset{\sim}{B}'$ 是 U_2 上的两个语言值,$\underset{\sim}{C}$ 是 V 上的语言值;

? 应该是 V 上的语言值。

现在应做的事情是求出"?"这一模糊集合,从而推知其表示的语言值,进而得到推理结论。

3）模糊蕴涵关系

由于含有两个条件变量,因此规则"如果 x 是 $\underset{\sim}{A}$,且 y 是 $\underset{\sim}{B}$,则 z 是 $\underset{\sim}{C}$"反映的关系比较复杂。现在对该关系进行深入的分析。

首先,单独由 x 或 y 都不能构成规则的前件,规则的前件应该包含序偶 (x,y)。也就是说,作为规则前件的构成要素,x 和 y 是有关系的,这一关系是 U_1 到 U_2 上的模糊关系,可以采用 $\underset{\sim}{A} \times \underset{\sim}{B}$ 表示,是 $U_1 \times U_2$ 上的模糊集合。

由此,规则"如果 x 是 $\underset{\sim}{A}$,且 y 是 $\underset{\sim}{B}$,则 z 是 $\underset{\sim}{C}$"可以写成"如果 (x,y) 是 $\underset{\sim}{A} \times \underset{\sim}{B}$,则 z 是 $\underset{\sim}{C}$",这转化为近似推理规则。由前面的分析容易知道,后者反映的是 $(U_1 \times U_2) \times V$ 上的模糊蕴涵关系,可以表示为 $\underset{\sim}{A} \times \underset{\sim}{B} \rightarrow \underset{\sim}{C}$,记为 $\underset{\sim}{R}$,则有

$$\underset{\sim}{R} = \underset{\sim}{A} \times \underset{\sim}{B} \rightarrow \underset{\sim}{C} \tag{2.7.7}$$

注意:

（1）$\underset{\sim}{A} \times \underset{\sim}{B}$ 既然是 $U_1 \times U_2$ 上的模糊集合,当然可以采用任何的模糊集合方法表示;类似的,$\underset{\sim}{R}$ 既然是 $(U_1 \times U_2) \times V$ 上的模糊集合,也可以采用任何的模糊集合方法表示。

（2）当 U_1,U_2 和 V 均为有限论域时,不妨记其包含的元素个数分别为 m_1,m_2 和 n,那么 $U_1 \times U_2$ 和 $(U_1 \times U_2) \times V$ 包含的元素个数分别是 $m_1 \cdot m_2$ 和 $m_1 \cdot m_2 \cdot n$;相应地,$\underset{\sim}{A} \times \underset{\sim}{B}$ 可以采用 m_1 行 m_2 列模糊矩阵表示,当然也可以采用含有 $m_1 \cdot m_2$ 个元素的向量表示。

（3）如果采用玛丹尼方法,则式（2.7.7）可以表示为

$$\underset{\sim}{R} = \underset{\sim}{A} \times \underset{\sim}{B} \times \underset{\sim}{C} \tag{2.7.8}$$

显而易见，$\underset{\sim}{R}$包含 $m_1 \cdot m_2 \cdot n$ 个元素，既可以采用 $m_1 \cdot m_2$ 行 n 列模糊矩阵表示，也可以采用含有 $m_1 \cdot m_2 \cdot n$ 个元素的向量表示。为了便于求取$\underset{\sim}{R}$，通常将$\underset{\sim}{A} \times \underset{\sim}{B}$表示为含有 $m_1 \cdot m_2$ 个元素的向量。这样，根据直积的计算方法，就可以通过$\underset{\sim}{A} \times \underset{\sim}{B}$的列向量构成的 $m_1 \cdot m_2$ 行一列模糊矩阵，记为$(\underset{\sim}{A} \times \underset{\sim}{B})^{\mathrm{T}}$，与$\underset{\sim}{C}$的行向量构成的一行 n 列模糊矩阵合成，得到 $m_1 \cdot m_2$ 行 n 列模糊矩阵$\underset{\sim}{R}$，即

$$\underset{\sim}{R} = (\underset{\sim}{A} \times \underset{\sim}{B})^{\mathrm{T}} \circ \underset{\sim}{C} \tag{2.7.9}$$

（4）如果采用扎德方法，也可以得到$\underset{\sim}{R}$的表达形式，但与式(2.7.8)会有所区别。感兴趣的读者可自行推导，不赘述。

4）模糊推理结果

不妨记结论中的语言值为$\underset{\sim}{C}'$，那么$\underset{\sim}{C}'$可通过$\underset{\sim}{A}' \times \underset{\sim}{B}'$与$\underset{\sim}{R}$的合成得到，即

$$\begin{aligned}\underset{\sim}{C}' &= (\underset{\sim}{A}' \times \underset{\sim}{B}') \circ \underset{\sim}{R} \\ &= \int_V \bigvee_{(u_1, u_2) \in U_1 \times U_2} (\mu_{\underset{\sim}{A}' \times \underset{\sim}{B}'}(u_1, u_2) \wedge \mu_{\underset{\sim}{R}}((u_1, u_2), v))\end{aligned} \tag{2.7.10}$$

注意：式中$\underset{\sim}{A}' \times \underset{\sim}{B}'$以向量的形式出现，为什么？

例 2.7.5 已知模糊规则："如果 e 是$\underset{\sim}{A}$，且 ec 是$\underset{\sim}{B}$，则 u 是$\underset{\sim}{C}$"。其中，$\underset{\sim}{A}, \underset{\sim}{B}, \underset{\sim}{C}$分别是论域 $E = \{e_1, e_2\}$，$EC = \{ec_1, ec_2, ec_3\}$，$U = \{u_1, u_2, u_3\}$上的语言值，且

$$\underset{\sim}{A} = \frac{1}{e_1} + \frac{0.5}{e_2}$$

$$\underset{\sim}{B} = \frac{0.1}{ec_1} + \frac{0.6}{ec_2} + \frac{1}{ec_3}$$

$$\underset{\sim}{C} = \frac{0.3}{u_1} + \frac{0.7}{u_2} + \frac{1}{u_3}$$

（1）求该规则确定的模糊蕴涵关系$\underset{\sim}{R}$；（2）如果

$$\underset{\sim}{A}^* = \frac{0.8}{e_1} + \frac{0.4}{e_2}$$

$$\underset{\sim}{B}^* = \frac{0.2}{ec_1} + \frac{0.6}{ec_2} + \frac{0.7}{ec_3}$$

求 e 是$\underset{\sim}{A}^*$，且 ec 是$\underset{\sim}{B}^*$时，输出 u 对应的语言值$\underset{\sim}{C}^*$。

首先，求取$\underset{\sim}{A} \times \underset{\sim}{B}$，并写成列向量，

$$\underset{\sim}{A} \times \underset{\sim}{B} = \begin{bmatrix} 1 \\ 0.5 \end{bmatrix} \circ [0.1 \quad 0.6 \quad 1] = \begin{bmatrix} 0.1 & 0.6 & 1 \\ 0.1 & 0.5 & 0.5 \end{bmatrix}$$

$$(\underset{\sim}{A} \times \underset{\sim}{B})^T = \begin{bmatrix} 0.1 \\ 0.6 \\ 1 \\ 0.1 \\ 0.5 \\ 0.5 \end{bmatrix}$$

然后，求取$\underset{\sim}{R}$，

$$\underset{\sim}{R} = (\underset{\sim}{A} \times \underset{\sim}{B})^{\mathrm{T}} \circ \underset{\sim}{C} = \begin{bmatrix} 0.1 \\ 0.6 \\ 1 \\ 0.1 \\ 0.5 \\ 0.5 \end{bmatrix} \circ [0.3 \quad 0.7 \quad 1] = \begin{bmatrix} 0.1 & 0.1 & 0.1 \\ 0.3 & 0.6 & 0.6 \\ 0.3 & 0.7 & 1 \\ 0.1 & 0.1 & 0.1 \\ 0.3 & 0.5 & 0.5 \\ 0.3 & 0.5 & 0.5 \end{bmatrix}$$

最后,求取$\underset{\sim}{C}^*$,

$$\underset{\sim}{A}^* \times \underset{\sim}{B}^* = \begin{bmatrix} 0.8 \\ 0.4 \end{bmatrix} \circ [0.2 \quad 0.6 \quad 0.7] = \begin{bmatrix} 0.2 & 0.6 & 0.7 \\ 0.2 & 0.4 & 0.4 \end{bmatrix}$$

$$\underset{\sim}{C}^* = (\underset{\sim}{A}^* \times \underset{\sim}{B}^*) \circ \underset{\sim}{R}$$

$$= [0.2 \quad 0.6 \quad 0.7 \quad 0.2 \quad 0.4 \quad 0.4] \circ \begin{bmatrix} 0.1 & 0.1 & 0.1 \\ 0.3 & 0.6 & 0.6 \\ 0.3 & 0.7 & 1 \\ 0.1 & 0.1 & 0.1 \\ 0.3 & 0.5 & 0.5 \\ 0.3 & 0.5 & 0.5 \end{bmatrix}$$

$$= [0.3 \quad 0.7 \quad 0.7]$$

或写成

$$\underset{\sim}{C}^* = \frac{0.3}{u_1} + \frac{0.7}{u_2} + \frac{0.7}{u_3}$$

课堂练习 2.7.3 已知模糊规则:"如果 e 是$\underset{\sim}{A}$,且 ec 是$\underset{\sim}{B}$,则 u 是$\underset{\sim}{C}$",其中$\underset{\sim}{A}$,$\underset{\sim}{B}$,$\underset{\sim}{C}$分别是论域 $E = \{e_1, e_2\}$,$EC = \{ec_1, ec_2, ec_3\}$,$U = \{u_1, u_2\}$ 上的语言值,且

$$\underset{\sim}{A} = \frac{1}{e_1} + \frac{0.5}{e_2}$$

$$\underset{\sim}{B} = \frac{0.1}{ec_1} + \frac{0.5}{ec_2} + \frac{1}{ec_3}$$

$$\underset{\sim}{C} = \frac{0.2}{u_1} + \frac{1}{u_2}$$

(1)求该规则确定的模糊蕴涵关系$\underset{\sim}{R}$;(2)如果

$$\underset{\sim}{A}' = \frac{0.8}{e_1} + \frac{0.1}{e_2}$$

$$\underset{\sim}{B}' = \frac{0.5}{ec_1} + \frac{0.2}{ec_2} + \frac{0}{ec_3}$$

求 e 是$\underset{\sim}{A}'$,且 ec 是$\underset{\sim}{B}'$时,输出 u 对应的语言值$\underset{\sim}{C}'$。

5)基于削顶法的模糊推理结果求取

再次考察两输入模糊推理的规则:如果 x 是$\underset{\sim}{A}$,且 y 是$\underset{\sim}{B}$,则 z 是$\underset{\sim}{C}$。该规则可以改写成如下两个规则的"模糊合取(与)":

规则 1:如果 x 是$\underset{\sim}{A}$,且 y 是 U_2,则 z 是$\underset{\sim}{C}$。

规则 2:如果 x 是 U_1,且 y 是$\underset{\sim}{B}$,则 z 是$\underset{\sim}{C}$。

思考:由上述两个规则的"模糊合取(与)"确定的模糊蕴涵关系如何求取?

进一步,这两个规则又可以简写为

规则 1′:如果 x 是 $\underset{\sim}{A}$,则 z 是 $\underset{\sim}{C}$。

规则 2′:如果 y 是 $\underset{\sim}{B}$,则 z 是 $\underset{\sim}{C}$。

当前提是"如果 x 是 $\underset{\sim}{A}'$,且 y 是 $\underset{\sim}{B}'$"时,相应的推理结果 $\underset{\sim}{C}'$,等于根据前提"如果 x 是 $\underset{\sim}{A}'$"以及规则 1′产生的推理结果 $\underset{\sim}{C}'_1$ 和根据前提"如果 y 是 $\underset{\sim}{B}'$",以及规则 2′产生的推理结果 $\underset{\sim}{C}'_2$ 的"交",即

$$\underset{\sim}{C}' = \underset{\sim}{C}'_1 \cap \underset{\sim}{C}'_2 \tag{2.7.11}$$

现考虑采用玛丹尼方法得到的 $\underset{\sim}{C}'_1$ 的表达形式

$$\underset{\sim}{C}'_1 = \underset{\sim}{A}' \circ (\underset{\sim}{A} \to \underset{\sim}{C}) = \underset{\sim}{A}' \circ (\underset{\sim}{A} \times \underset{\sim}{C}) = \int_V \bigvee_{u_1 \in U_1} (\mu_{\underset{\sim}{A}'}(u_1) \wedge (\mu_{\underset{\sim}{A}}(u_1) \wedge \mu_{\underset{\sim}{C}}(v)))$$

$$= \int_V \bigvee_{u_1 \in U_1} (\mu_{\underset{\sim}{A}'}(u_1) \wedge \mu_{\underset{\sim}{A}}(u_1)) \wedge \mu_{\underset{\sim}{C}}(v) = \int_V \alpha_{\underset{\sim}{A}} \wedge \mu_{\underset{\sim}{C}}(v)$$

式中

$$\alpha_{\underset{\sim}{A}} = \bigvee_{u_1 \in U_1} (\mu_{\underset{\sim}{A}'}(u_1) \wedge \mu_{\underset{\sim}{A}}(u_1)) \tag{2.7.12}$$

表示 $\underset{\sim}{A}$ 与 $\underset{\sim}{A}'$ 交集的最大隶属度。

类似的,可以得到

$$\underset{\sim}{C}'_2 = \int_V \alpha_{\underset{\sim}{B}} \wedge \mu_{\underset{\sim}{C}}(v)$$

式中

$$\alpha_{\underset{\sim}{B}} = \bigvee_{u_2 \in U_2} (\mu_{\underset{\sim}{B}'}(u_2) \wedge \mu_{\underset{\sim}{B}}(u_2)) \tag{2.7.13}$$

表示 $\underset{\sim}{B}'$ 与 $\underset{\sim}{B}$ 交集的最大隶属度。

这样一来,$\underset{\sim}{C}'$ 可以表示为

$$\underset{\sim}{C}' = \left(\int_V \alpha_{\underset{\sim}{A}} \wedge \mu_{\underset{\sim}{C}}(v)\right) \cap \left(\int_V \alpha_{\underset{\sim}{B}} \wedge \mu_{\underset{\sim}{C}}(v)\right) = \int_V (\alpha_{\underset{\sim}{A}} \wedge \alpha_{\underset{\sim}{B}}) \wedge \mu_{\underset{\sim}{C}}(v) \tag{2.7.14}$$

玛丹尼方法的几何意义是:

(1) 分别求出 $\underset{\sim}{A}'$ 与 $\underset{\sim}{A}$ 的交集、$\underset{\sim}{B}'$ 与 $\underset{\sim}{B}$ 的交集的最大隶属度 $\alpha_{\underset{\sim}{A}}$ 和 $\alpha_{\underset{\sim}{B}}$;

(2) 以两者之中的小值作为总的模糊推理前件的隶属度;

(3) 以此切削推理后件的隶属函数 $\underset{\sim}{C}$,得到结论 $\underset{\sim}{C}'$。

这种推理方法称为削顶法,如图 2.7.1 所示。

例 2.7.6 试采用削顶法求取例 2.7.5 中的 $\underset{\sim}{C}^*$。

(1) 求取 $\alpha_{\underset{\sim}{A}}$ 和 $\alpha_{\underset{\sim}{B}}$

$$\alpha_{\underset{\sim}{A}} = \bigvee_{e \in E} (\mu_{\underset{\sim}{A}^*}(e) \wedge \mu_{\underset{\sim}{A}}(e)) = (0.8 \wedge 1) \vee (0.4 \wedge 0.5) = 0.8$$

$$\alpha_{\underset{\sim}{B}} = \bigvee_{ec \in EC} (\mu_{\underset{\sim}{B}^*}(ec) \wedge \mu_{\underset{\sim}{B}}(ec)) = (0.2 \wedge 0.1) \vee (0.6 \wedge 0.6) \vee (0.7 \wedge 1) = 0.7$$

(2) 求取 $\alpha_{\underset{\sim}{A}} \wedge \alpha_{\underset{\sim}{B}}$

$$\alpha_{\underset{\sim}{A}} \wedge \alpha_{\underset{\sim}{B}} = 0.7$$

60

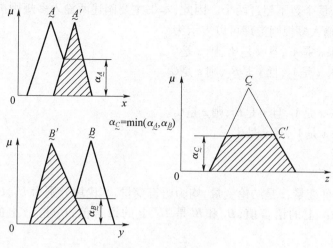

$$\alpha_{\underset{\sim}{C}} = \min(\alpha_{\underset{\sim}{A}}, \alpha_{\underset{\sim}{B}})$$

图 2.7.1　削顶法

（3）用 $\alpha_{\underset{\sim}{A}} \wedge \alpha_{\underset{\sim}{B}}$ 切削 $\underset{\sim}{C}$，得到 $\underset{\sim}{C}^*$

$$\underset{\sim}{C}^* = \frac{0.3 \wedge 0.7}{u_1} + \frac{0.7 \wedge 0.7}{u_2} + \frac{1 \wedge 0.7}{u_3} = \frac{0.3}{u_1} + \frac{0.7}{u_2} + \frac{0.7}{u_3}$$

课堂练习 2.7.4　试采用削顶法求取课堂练习 2.7.3 中的 $\underset{\sim}{C}'$。

注意：

（1）当需要求取模糊蕴涵关系时，通常采用式（2.7.9），而不将原来的模糊规则拆分成两个新规则的"模糊合取"。

（2）当不需要求取模糊蕴涵关系，而仅需求取模糊推理结果时，通常采用式（2.7.14）。

4. 多输入多规则推理

1）背景

在设计一个系统的模糊控制器时，通常需要的控制规则远不止一个，如炉温控制系统，设计的控制规则如下：

规则 1：如果偏差 e 是 NB，且偏差变化 de 是 PB，则控制 U 为 PB；

规则 2：如果偏差 e 是 NB，且偏差变化 de 是 PS，则控制 U 为 PB；

规则 3：如果偏差 e 是 NB，且偏差变化 de 是 ZE，则控制 U 为 PB；

…

规则 14：如果偏差 e 是 ZE，且偏差变化 de 是 NB，则控制 U 为 PB。

得到该推理结果需要采用多输入多规则推理。

2）定义及表示

上述推理含有两个条件变量，即"偏差"和"偏差变化"。此外，含有多条推理规则。这种推理方式称为两输入多规则推理。

显而易见，设计模糊控制器时，条件变量的个数不限于两个，可以是多个，相应地模糊推理称为多输入多规则推理。

如前所述，在实际的模糊控制器设计中，条件变量个数的增加不但使得模糊规则表示复杂，而且使得模糊规则数量急剧增加，这大大增加了设计的难度。鉴于此，一般模糊控制规则的条件变量个数不超过两个。因此,本书主要阐述两输入多规则推理。

一般地,两输入多规则推理可以表示为

规则 1:如果 x 是 A_1,且 y 是 B_1,则 z 是 C_1。

或　规则 2:如果 x 是 A_2,且 y 是 B_2,则 z 是 C_2。

…

或　规则 l:如果 x 是 A_l,且 y 是 B_l,则 z 是 C_l。

前 提:如果 x 是 A',且 y 是 B'。

结 论:z 是?

其中:

x 和 y 是条件变量,z 是结论变量,均为语言变量,其论域分别为 U_1,U_2 和 V;

A_i 和 A' 是 U_1 上的语言值,B_i 和 B' 是 U_2 上的语言值,C_i 是 V 上的语言值,$i = 1$,$2,\cdots,l$;

? 应该是 V 上的语言值。

现在应做的事情,是求出"?"这一模糊集合,从而推知其表示的语言值,进而得到推理结论。

3) 模糊蕴涵关系

(1) 考虑规则 i。该规则的形式:如果 x 是 A_i,且 y 是 B_i,则 z 是 C_i。根据多输入模糊推理中规则确定的模糊蕴涵关系可知,规则 i 确定的模糊蕴涵关系可以表示为

$$R_i = A_i \times B_i \rightarrow C_i \tag{2.7.15}$$

采用玛丹尼方法,可以写成

$$R_i = A_i \times B_i \times C_i = (A_i \times B_i)^{\mathrm{T}} \circ C_i \tag{2.7.16}$$

(2) 考虑所有 l 条规则。由于这些规则之间是"模糊析取(或)"关系,因此,所有规则确定的模糊蕴涵关系可以通过每一规则确定的模糊蕴涵关系的"并"表示,即

$$R = \bigcup_{i=1}^{l} R_i \tag{2.7.17}$$

4) 模糊推理结果

(1) 考虑由规则 i(如果 x 是 A_i,且 y 是 B_i,则 z 是 C_i)和前提(x 是 A',且 y 是 B')得到的推理结果,不妨记为 C'_i,这属于多输入模糊推理。由式(2.7.14),容易得到 C'_i 的表示形式为

$$C'_i = \int_V (\alpha_{A_i} \wedge \alpha_{B_i}) \wedge \mu_{C_i}(v) \tag{2.7.18}$$

式中

$$\begin{aligned}
\alpha_{A_i} &= \bigvee_{u_1 \in U_1} (\mu_{A'_i}(u_1) \wedge \mu_{A_i}(u_1)) \\
\alpha_{B_i} &= \bigvee_{u_2 \in U_2} (\mu_{B'_i}(u_2) \wedge \mu_{B_i}(u_2))
\end{aligned} \tag{2.7.19}$$

(2) 考虑所有 l 条规则和前提得到的推理结果。由于这些规则之间是"模糊析取"关系。因此,由所有这些规则得到的推理结果记为 C',可以表示为

$$C' = \bigcup_{i=1}^{l} C'_i = \bigcup_{i=1}^{l} \int_V (\alpha_{A_i} \wedge \alpha_{B_i}) \wedge \mu_{C_i}(v) = \int_V \bigvee_{i=1}^{l} ((\alpha_{A_i} \wedge \alpha_{B_i}) \wedge \mu_{C_i}(v)) \tag{2.7.20}$$

可以看出,整个推理过程的几何意义是:

(1)对于每一条推理规则和前提,用推理规则的前件的隶属度切削后件的隶属函数,得到针对一条推理规则和前提的推理结果;

(2)对所有的推理结果求"并"运算,得到最后的推理结果。

两输入两规则的推理过程如图 2.7.2 所示。

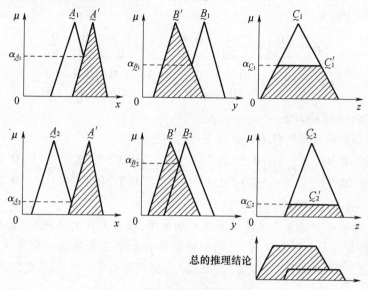

图 2.7.2 两输入两规则的推理过程

这种推理方法是:

(1)在推理前件中选取各个条件中隶属度最小的值,即"最不适配"的隶属度作为这条规则的适配程度以得出由这条规则产生的结论,这一过程简称为"取小"操作;

(2)对所有规则的结论,选取最大隶属度的部分,这一过程简称为"取大"操作,这样整个推理结果为所有规则结论部分的"并"。

5)推理方法的改进

上述推理方法简单且实用,但其推理结果经常不平滑。

有人主张,把从推理前件到后件削顶的"取小"运算改为"代数积",这就不是用推理前件的隶属度切削推理后件的隶属函数,而是用该隶属度乘后件的隶属函数。这样,得到的推理结果就不再呈平台梯形,而是原隶属函数的等底缩小。这种处理结果经过对各规则结论的"求和"运算后,得到的推理结果的平滑性得到了改善。

习题和思考题

2-1 已知年龄论域为 $[0,200]$,取语言值"年老"$\underset{\sim}{O}$和"年轻"$\underset{\sim}{Y}$的隶属函数分别为

$$\mu_{\underset{\sim}{O}}(a) = \begin{cases} 0 & 0 \leqslant a \leqslant 50 \\ \left[1 + \left(\dfrac{a-50}{5}\right)^{-2}\right]^{-1} & 50 < a \leqslant 200 \end{cases}$$

$$\mu_Y(a) = \begin{cases} 1 & 0 \leq a \leq 25 \\ \left[1 + (\dfrac{a-25}{5})^2\right]^{-1} & 25 < a \leq 200 \end{cases}$$

求:语言值"很年轻"$\underset{\sim}{W}$和"不年老也不年轻"$\underset{\sim}{V}$的隶属函数。

2-2 已知偏差的离散论域为 $E = [-30, -20, -10, 0, 10, 20, 30]$,取语言值"零"(ZE)和"正小"(PS)为

$$ZE = \frac{0}{-30} + \frac{0}{-20} + \frac{0.4}{-10} + \frac{1}{0} + \frac{0.4}{10} + \frac{0}{20} + \frac{0}{30}$$

$$PS = \frac{0}{-30} + \frac{0}{-20} + \frac{0}{-10} + \frac{0.3}{0} + \frac{1.0}{10} + \frac{0.3}{20} + \frac{0}{30}$$

求:(1) $ZE \cap PS$;(2) $ZE \cup PS$。

2-3 已知模糊矩阵 $\underset{\sim}{P}, \underset{\sim}{Q}, \underset{\sim}{R}, \underset{\sim}{S}$ 分别为

$$\underset{\sim}{P} = \begin{bmatrix} 0.6 & 0.9 \\ 0.2 & 0.7 \end{bmatrix}, \quad \underset{\sim}{Q} = \begin{bmatrix} 0.5 & 0.7 \\ 0.1 & 0.4 \end{bmatrix}, \quad \underset{\sim}{R} = \begin{bmatrix} 0.2 & 0.3 \\ 0.7 & 0.7 \end{bmatrix}, \quad \underset{\sim}{S} = \begin{bmatrix} 0.1 & 0.2 \\ 0.6 & 0.5 \end{bmatrix}$$

求:(1) $(\underset{\sim}{P} \circ \underset{\sim}{Q}) \circ \underset{\sim}{R}$;(2) $(\underset{\sim}{P} \cup \underset{\sim}{Q}) \circ \underset{\sim}{S}$;(3) $(\underset{\sim}{P} \circ \underset{\sim}{S}) \cup (\underset{\sim}{Q} \circ \underset{\sim}{S})$。

2-4 电热烘干炉依靠人工连续调节外加电压,操作人员的经验是"如果炉温低,则外加电压高,否则外加电压不很高"。已知炉温和外加电压的论域分别为 $X = Y = \{1, 2, 3, 4, 5\}$,语言值"低"、"高"、"不很高"、"很低"分别记为 $\underset{\sim}{A}, \underset{\sim}{B}, \underset{\sim}{C}$ 和 $\underset{\sim}{A}'$,且定义如下

$$\underset{\sim}{A} = \frac{1}{1} + \frac{0.8}{2} + \frac{0.6}{3} + \frac{0.4}{4} + \frac{0.2}{5}$$

$$\underset{\sim}{B} = \frac{0.2}{1} + \frac{0.4}{2} + \frac{0.6}{3} + \frac{0.8}{4} + \frac{1}{5}$$

$$\underset{\sim}{C} = \frac{0.96}{1} + \frac{0.84}{2} + \frac{0.64}{3} + \frac{0.36}{4} + \frac{0}{5}$$

$$\underset{\sim}{A}' = \frac{1}{1} + \frac{0.64}{2} + \frac{0.36}{3} + \frac{0.16}{4} + \frac{0.04}{5}$$

问:如果炉温很低,外加电压应如何调节?

2-5 设有论域 $X = \{u_1, u_2, u_3\}, Y = \{v_1, v_2, v_3\}, Z = \{w_1, w_2\}$,已知

$$\underset{\sim}{A} = \frac{0.5}{u_1} + \frac{1}{u_2} + \frac{0.1}{u_3}$$

$$\underset{\sim}{B} = \frac{0.1}{v_1} + \frac{1}{v_2} + \frac{0.6}{v_3}$$

$$\underset{\sim}{C} = \frac{0.4}{w_1} + \frac{1}{w_2}$$

求:由模糊规则"如果 u 是 $\underset{\sim}{A}$ 且 v 是 $\underset{\sim}{B}$,则 w 是 $\underset{\sim}{C}$"确定的模糊关系 $\underset{\sim}{R}$,以及

$$\underset{\sim}{A}' = \frac{1}{u_1} + \frac{0.5}{u_2} + \frac{0.1}{u_3}$$

$$\underset{\sim}{B}' = \frac{0.1}{v_1} + \frac{0.5}{v_2} + \frac{1}{v_3}$$

时的模糊推理结果 $\underset{\sim}{C}'$。

64

第三章 模糊控制

1974 年,玛丹尼教授将模糊集合和模糊语言逻辑成功地用于蒸汽机控制,宣告了模糊控制的诞生。模糊控制利用模糊集合理论,把人类专家用自然语言描述的控制策略转化为计算机能够接受的算法语言,从而模拟人类的智能,实现生产过程的有效控制。模糊控制非常适合于控制复杂、非线性、大滞后和不确定性严重的被控对象。

本章将介绍模糊控制的主要内容,包括模糊控制概述、模糊控制算法、模糊控制器设计、模糊控制查表法、模糊控制器设计举例,以及模糊控制与 PID 控制的结合等。

第一节 模糊控制概述

一、模糊控制的提出与发展

1. 提出背景

各种传统的控制方法均是建立在被控对象精确的数学模型之上的。随着系统复杂程度的提高,将难以建立系统精确的数学模型和满足实时控制的要求。

人们期望探索出一种简便灵活的描述手段和处理方法,并为此进行了种种尝试,结果发现:一个采用传统控制方法难以解决的复杂控制问题,却可由操作人员凭着丰富的实践经验,达到满意的控制效果。

例如,用传统方法控制一辆无人驾驶汽车沿规定的路线行驶是很困难的,但驾驶员却可以很容易地做到。在驾驶汽车跟踪路线时,驾驶员采用的是如下很简单的控制规则:

如果车子向左偏出了路线,就将方向盘向右打。

如果车子向右偏出了路线,就将方向盘向左打。

否则,保持方向不变。

人类的这些控制经验,如果能够转换为可以用计算机实现的控制算法,将为不确定系统的控制开辟一条新的途径。

模糊控制就是利用模糊集合理论,把人类专家用自然语言描述的控制策略转化为计算机能够接受的算法语言,从而模拟人类的智能,实现生产过程的有效控制。

2. 发展

1974 年,玛丹尼首先将模糊集合和模糊语言逻辑成功地应用于蒸汽机的控制,开创了模糊控制的先河。

1976 年,玛丹尼又将该理论应用于水泥旋转炉的控制。

1977 年,Willaey 等设计了最优模糊控制器。

1980 年,Tong 等实现了污水处理过程的模糊控制。

1983 年，Takagi 等给出了模糊控制规则的获取方法；Yasunobu 等设计了预测模糊控制系统；日本 Fuji Electric 公司实现了饮水处理装置的模糊控制。

1984 年，Sugeno 等实现了汽车停车的模糊控制。

1985 年，Kiszka 等给出了模糊控制系统的稳定性定理；Togai 等研制了模糊芯片。

1986 年，Yamakawa 等设计了模糊控制硬件系统。

1987 年，日本 Hitachi 公司研制出地铁的模糊控制系统。

1988 年，Czogala 给出了多输入模糊控制系统。

1991 年，De Neyer 等设计了内模模型模糊控制系统。

1992 年，Yager 给出了模糊控制隶属函数的神经网络学习方法；王立新给出了模糊万能逼近器。

二、模糊控制的特点

1. 无须知道被控对象的数学模型

在模糊控制系统中，根据被控量与设定值的偏差以及偏差的变化量，模拟人对被控对象的控制经验，通过模糊推理和决策得到控制信号，并不需要知道被控对象的数学模型。这扩大了模糊控制的适用范围，特别适合于数学模型难以获取、动态特性不易掌握或者变化非常显著的被控对象。

2. 控制行为反映人类智慧

在模糊控制器中，控制规则非常关键，该规则的制定通常来自于人对被控对象的控制经验，因而模糊控制行为反映了人类智慧。

3. 易被人们所接受

模糊控制的核心是控制规则，这些规则是以人类语言表示的，出发点是操作人员的经验或知识，如"衣服较脏，则投入洗涤剂较多，洗涤时间较长"。很明显，这些规则易被一般人所接受和理解。

4. 构造容易

用单片机来构造模糊控制系统，其结构与一般的数字控制系统无异。模糊控制算法可用软件实现。

5. 鲁棒性好

在模糊控制系统中，无论被控对象是线性的还是非线性的，都能进行有效的控制，具有良好的鲁棒性和适应性。

三、模糊控制的定义

模糊控制系统是一种自动控制系统，它以模糊数学、模糊语言形式的知识表示、模糊逻辑，以及模糊推理为理论基础，采用计算机控制技术构成的一种具有闭环结构的数字控制系统，它的组成核心是具有智能性的模糊控制器。

注意：

（1）从控制结构上讲，与很多传统的控制系统一样，模糊控制系统是一种闭环控制系统。

（2）从实现手段上讲,在控制过程中,需要对被控量采样,并与设定值比较;控制器的输出是数字信号,进行数模转化后才能作用于被控对象。因此,需要采用计算机控制技术实现该数字控制系统。

（3）从知识结构上讲,设计模糊控制器需要模糊集合理论、模糊语言变量、模糊逻辑,以及模糊推理等知识,体现了人类智慧,因此,模糊控制系统是一种典型的智能控制系统。

（4）从控制方法上讲,模糊控制是一种具有"无模型"的非线性控制方法。对于那些采用传统定量技术分析过于复杂的过程,或者提供的信息是定性、非精确的、非确定的系统,模糊控制的效果相当明显。

四、模糊控制系统的组成

1. 系统的组成

由于模糊控制系统是一种计算机控制系统,故其组成类似于一般的数字控制系统,如图 3.1.1 所示。

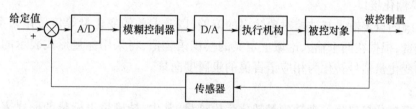

图 3.1.1　模糊控制系统方框图

模糊控制系统一般可以分为如下 4 个组成部分。

1）模糊控制器

实现模糊控制算法,由一台微计算机实现。根据控制系统的需要,既可选用工控机,又可选用单板机或单片机。

2）输入/输出接口装置

通过模数转换,将被控对象输出的模拟量转化为数字量;通过数模转换,将模糊控制器输出的数字量转化为模拟量,送给执行机构控制被控对象。

在 I/O 接口装置中,除 A/D、D/A 转换外,还包括必要的电平转换线路。

3）广义对象

广义对象包括被控对象及执行机构,被控对象可以是线性的或非线性的、定常的或时变的、单变量的或多变量的、有时滞的或无时滞的,以及有强干扰的等多种情况。

需要说明的是,被控对象缺乏精确的数学模型时,适宜选择模糊控制。当然,对于有较精确数学模型的被控对象也可以采用模糊控制。

4）传感器

传感器是将被控对象的输出转换为电信号（模拟或数字）的装置。输出量往往是非电量,如温度、压力、流量、浓度、湿度等。

传感器在模糊控制系统中占有十分重要的地位,其精度往往直接影响整个控制系统。因此,在选择传感器时,应注意选择精度高且稳定性好的传感器。

2. 模糊控制器的结构

模糊控制器的结构如图3.1.2所示,主要由如下4部分组成,即模糊化接口、知识库、推理机和模糊判决接口等,其作用如下。

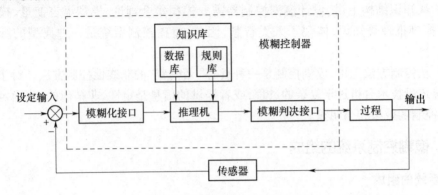

图3.1.2 模糊控制器的基本结构

1) 模糊化接口

将系统的设定输入与被控对象输出的偏差,以及偏差的变化量等信号作为系统的输入语言变量,根据在两个输入论域上定义的模糊语言值,将采用标量形式表示的偏差,以及偏差的变化量信号转化为相应语言值的隶属度向量。

注意:

(1) 模糊化接口将一个精确量转化为模糊量,其中,精确量以标量的形式表示;而模糊量以向量的形式表示。这里,向量包含的分量个数与相应论域包含的元素个数相关,有几个元素,分量的个数就有几个;此外,分量的取值与该论域上定义的某一(些)语言值相关。

(2) 模糊化接口的输入信号可以是一个,如偏差,也可以是两个,如偏差和偏差的变化量,这通常由具体的控制任务决定。如果是一个输入信号,那么输入论域也只有一个;如果是两个输入信号,那么输入论域将是两个,且通常两个论域上的元素是不同的。

(3) 在论域上定义的语言值可多可少,由控制精度而定。当输入信号不止一个时,在各自论域上定义的语言值的个数可以不相同。例如,在偏差论域上定义3个语言值,在偏差的变化量论域上定义5个语言值等。

2) 知识库

用于存放模糊推理所需要的知识,包括数据库和规则库:

(1) 数据库提供必要的定义,包括:将基本论域转化为模糊论域时,量化等级的个数与取值、采用的量化方式;将模糊判决后的输出转化为控制信号的比例因子取值;在模糊论域上定义的语言值的隶属函数的类型与参数取值等。

(2) 规则库表示模糊规则,以及多个规则之间的模糊关系。

注意:

(1) 基本论域是输入或者输出变量实际变化的范围,通常是连续论域;而模糊论域是对基本论域量化得到的含有有限个元素的论域,在该论域上定义模糊集合。

(2) 知识库通常根据专家的控制经验设计。当然,也可以在已有知识库的基础上采用合适的学习方法,动态更新知识库。

（3）知识库的设计通常是离线进行的,即在对被控对象控制之前就完成了。当然,如果不能满足要求,也可以在线学习,如改变语言值的参数、控制规则的个数和形式等。

3）推理机

推现机是模糊控制的核心,它利用知识库的信息模拟人的推理过程,给出合适的模糊输出,其实质是模糊推理(有关模糊推理的内容,请参阅第二章)。

注意:

（1）推理机的输出是模糊集合,通常由隶属度向量表示,该向量包含的分量个数等于输出论域上元素的个数。

（2）推理机的输出虽然是一个模糊集合,但它可以不是在输出论域上定义的语言值,而可能是这些语言值的"混合";相应地,它的隶属函数的形状可能很不规则。例如,可能既不是三角形,也不是梯形,而是一个多边形。

（3）一般地,在模糊论域上定义的模糊集合均是凸的,但由推理机的输出产生的模糊集合不一定是凸的。

4）模糊判决接口

通过推理机得到的结果是一个模糊输出。在模糊控制中,必须要有一个确定的值才能去控制或者驱动执行机构。在模糊输出中,取一个能最佳代表这个推理结果可能性的精确值的过程,就是精确化过程,或称去(逆、非)模糊化过程,由模糊判决接口完成。

注意:

（1）对于同一个模糊输出(模糊集合),采用不同的精确化方法得到的精确值可能是不同的。

（2）采用不同的精确化方法,利用的模糊集合的信息是不同的,相应地,所需要的计算量也是不同的。

五、模糊控制的应用

1. 在家电中的应用

模糊电子技术是 21 世纪的核心技术,模糊家电是模糊电子技术的重要应用领域。所谓模糊家电,就是根据人的经验,在电脑或芯片的控制下,实现可模仿人的思维进行操作的家用电器,例如:

（1）模糊电视机可以根据室内光线的强弱,自动调整电视机的亮度,根据人与电视机的距离自动调整音量,同时能够自动调节电视机的色彩、清晰度和对比度等。

（2）模糊空调器利用红外线传感器识别房间信息,如人数、温度、门开关大小等,快速调整室内温度,提高舒适感。

（3）模糊洗衣机能够自动识别洗衣物的重量、质地、污脏性质和程度,选择合理的水位、洗涤时间、水流程序等。

2. 在过程控制中的应用

（1）在工业炉方面,有水泥窑、煤粉炉等的模糊控制。

（2）在石化方面,有蒸馏塔、废水 pH 值、污水处理系统等的模糊控制。

（3）在煤矿行业,有选矿破碎过程、跳汰分选过程、配煤过程等的模糊控制。

（4）在食品加工行业,有甜菜生产过程、酒精发酵温度等的模糊控制。

3. 在机电行业中的应用

包括集装箱吊车、空间机器人、交流随动系统、电梯群控系统、直流无刷电机调速等的模糊控制。

第二节　模糊控制算法

一、模糊控制算法描述

模糊控制与其他控制方法的本质区别就在于模糊控制算法。

为了实现模糊控制算法:

（1）通过采样获取被控对象的输出值,并与系统的给定值比较,得到偏差信号 e,它是输入（基本或模糊）论域上的精确量,采用标量的形式表示。

（2）将偏差信号 e 通过模糊化接口转化为模糊量 $\underset{\sim}{e}$,作为推理机的输入,它是输入（模糊）论域上的模糊量,采用向量的形式表示。

（3）基于 $\underset{\sim}{e}$ 和模糊规则 $\underset{\sim}{R}$,采用模糊推理得到模糊控制量 $\underset{\sim}{u} = \underset{\sim}{e} \circ \underset{\sim}{R}$,它是输出（模糊）论域上的模糊量,采用向量的形式表示。

（4）在模糊判决接口部分,将模糊量 $\underset{\sim}{u}$ 转换为精确量 u,它是输出（基本或模糊）论域上的精确量,采用标量的形式表示。

可以看出,模糊控制算法可概括为以下 4 个步骤:

步骤 1:通过被控对象输出值与系统给定值的比较,得到偏差信号的精确量;

步骤 2:将偏差信号的精确量转化为模糊量;

步骤 3:根据偏差信号的模糊量和模糊规则,通过模糊推理得到控制信号的模糊量;

步骤 4:将控制信号模糊量转化为精确量。

注意:

（1）模糊控制器的输入信号可以不是一个偏差信号,还可以包括偏差的变化量,甚至偏差的累积。

（2）这里涉及的论域很多,如输入论域和输出论域,每一个论域又分为基本论域和模糊论域。相应地,不同的论域包含的元素也是不同的（后面将详细阐述）。

二、炉温模糊控制算法设计

下面以单输入单输出炉温控制系统为例,说明上述模糊控制算法是如何实现的。

1. 背景

某电热炉用于金属零件的热处理,按热处理工艺要求,需要保持炉温 600℃ 恒定不变。由于炉温受被处理零件的数量、体积,以及电网电压等因素的影响而变化,故设计炉温模糊控制器取代手动控制。

假定电热炉的供电电压是经可控硅整流电源提供的,那么它的电压连续可调。当手动控制时,根据对炉温的观测值调节电位器旋钮,即可调节电热炉供电电压,达到升温或降温的目的。

根据操作工人的经验,控制规则可以采用语言描述如下:

如果炉温低于600℃,则升压;低得越多,升压越高。

如果炉温高于600℃,则降压;高得越多,降的越低。

如果炉温等于600℃,则保持电压不变。

2. 炉温模糊控制算法的设计

设计炉温模糊控制器时,模糊控制算法的实现过程如下。

1)输入和输出变量

将炉温600℃作为设定值t_0,第k次测量得到的炉温记为$t(k)$,则炉温偏差为

$$e(k) = t(k) - t_0 \tag{3.2.1}$$

作为模糊控制器的输入变量。

注意:由于控制规则中只需要炉温与设定值比较,即只需要炉温的偏差信号,因此模糊控制器的输入变量只选择一个。

模糊控制器的输出变量是触发电压u,由于该电压直接控制电热炉供电电压,所以又称输出变量为控制量。

2)模糊语言值描述

通过考察模糊规则可以知道,炉温高于还是低于设定值,可以通过偏差的正负描述;炉温比设定值高(低)的多少,可以通过偏差的大小描述;炉温等于设定值,可以通过偏差为零描述。类似地,可以描述电压与某确定值的关系。

鉴于此,输入及输出变量采用如下的语言值:

负大、负小、零、正小、正大

或写成

NB、NS、O、PS、PB

其中:

NB :Negative Big

NS:Negative Small

O:Zero

PS:Positive Small

PB:Positive Big

为便于说明,这里仅考虑偏差e的模糊论域,记为X,含有7个元素,或称7个等级,分别为$-3,-2,-1,0,1,2,3$,那么

$$X = \{-3, -2, -1, 0, 1, 2, 3\} \tag{3.2.2}$$

类似地,可以得到控制量u的模糊论域Y为

$$Y = \{-3, -2, -1, 0, 1, 2, 3\} \tag{3.2.3}$$

分别在模糊论域X和Y上定义上述语言值,可以得到这些语言值的隶属函数。图3.2.1画出了这些语言值的隶属函数曲线。表3.2.1列出了论域中不同元素对这些语言值的隶属度。

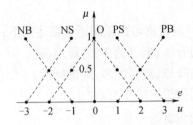

图 3.2.1 语言值的隶属函数

表 3.2.1 论域元素对语言值的隶属度

隶属度 元素 语言值	−3	−2	−1	0	1	2	3
PB	0	0	0	0	0	0.5	1
PS	0	0	0	0	1	0.5	0
O	0	0	0.5	1	0.5	0	0
NS	0	0.5	1	0	0	0	0
NB	1	0.5	0	0	0	0	0

注意:

(1) 描述一个语言值,既可以将其隶属函数的图形画在二维坐标系上,也可以采用表格表示。不管哪一种方式,只要给出论域中各元素的隶属度,该语言值就可以完全确定。

(2) 由于模糊论域只包含很少的元素,因此从某种意义上讲,采用表格表示语言值更直观。

3) 模糊规则

根据手动控制策略、输入和输出变量,以及语言值的表示,模糊规则可表示如下:

规则 1:如果 e 负大,则 u 正大。

规则 2:如果 e 负小,则 u 正小。

规则 3:如果 e 为零,则 u 为零。

规则 4:如果 e 正小,则 u 负小。

规则 5:如果 e 正大,则 u 负大。

或写成如下形式:

规则 1:如果 e 是 NB,则 u 是 PB。

规则 2:如果 e 是 NS,则 u 是 PS。

规则 3:如果 e 是 O,则 u 是 O。

规则 4:如果 e 是 PS,则 u 是 NS。

规则 5:如果 e 是 PB,则 u 是 NB。

也可以用表格形式描述控制规则,如表 3.2.2 所列,称为控制规则表。

表 3.2.2 控制规则表

e	NB	NS	O	PS	PB
u	PB	PS	O	NS	NB

在第二章已经阐述,模糊规则实际上确定了 X 到 Y 的模糊蕴涵关系,记为 $\underset{\sim}{R}$。由于 X 和 Y 均为有限论域,因此 $\underset{\sim}{R}$ 可以用矩阵表示为

$$\underset{\sim}{R} = (NB_e \times PB_u) \cup (NS_e \times PS_u) \cup (O_e \times O_u) \cup (PS_e \times NS_u) \cup (PB_e \times NB_u)$$

$$(3.2.4)$$

式中:NB_e 和 PB_u 分别表示 e 的语言值 NB 和 u 的语言值 PB,其他符号的含义可以类似地理解。

由于

$$NB_e \times PB_u = \begin{bmatrix} 1 \\ 0.5 \\ 0 \\ 0 \\ 0 \\ 0 \\ 0 \end{bmatrix} \circ [0 \; 0 \; 0 \; 0 \; 0 \; 0.5 \; 1] = \begin{bmatrix} 0 & 0 & 0 & 0 & 0 & 0.5 & 1 \\ 0 & 0 & 0 & 0 & 0 & 0.5 & 0.5 \\ 0 & 0 & 0 & 0 & 0 & 0 & 0 \\ 0 & 0 & 0 & 0 & 0 & 0 & 0 \\ 0 & 0 & 0 & 0 & 0 & 0 & 0 \\ 0 & 0 & 0 & 0 & 0 & 0 & 0 \\ 0 & 0 & 0 & 0 & 0 & 0 & 0 \end{bmatrix}$$

$$NS_e \times PS_u = \begin{bmatrix} 0 \\ 0.5 \\ 1 \\ 0 \\ 0 \\ 0 \\ 0 \end{bmatrix} \circ [0 \; 0 \; 0 \; 0 \; 1 \; 0.5 \; 0] = \begin{bmatrix} 0 & 0 & 0 & 0 & 0 & 0 & 0 \\ 0 & 0 & 0 & 0 & 0.5 & 0.5 & 0 \\ 0 & 0 & 0 & 0 & 1 & 0.5 & 0 \\ 0 & 0 & 0 & 0 & 0 & 0 & 0 \\ 0 & 0 & 0 & 0 & 0 & 0 & 0 \\ 0 & 0 & 0 & 0 & 0 & 0 & 0 \\ 0 & 0 & 0 & 0 & 0 & 0 & 0 \end{bmatrix}$$

$$O_e \times O_u = \begin{bmatrix} 0 \\ 0 \\ 0.5 \\ 1 \\ 0.5 \\ 0 \\ 0 \end{bmatrix} \circ [0 \; 0 \; 0.5 \; 1 \; 0.5 \; 0 \; 0] = \begin{bmatrix} 0 & 0 & 0 & 0 & 0 & 0 & 0 \\ 0 & 0 & 0 & 0 & 0 & 0 & 0 \\ 0 & 0 & 0.5 & 0.5 & 0.5 & 0 & 0 \\ 0 & 0 & 0.5 & 1 & 0.5 & 0 & 0 \\ 0 & 0 & 0.5 & 0.5 & 0.5 & 0 & 0 \\ 0 & 0 & 0 & 0 & 0 & 0 & 0 \\ 0 & 0 & 0 & 0 & 0 & 0 & 0 \end{bmatrix}$$

$$PS_e \times NS_u = \begin{bmatrix} 0 \\ 0 \\ 0 \\ 0 \\ 1 \\ 0.5 \\ 0 \end{bmatrix} \circ [0 \; 0.5 \; 1 \; 0 \; 0 \; 0 \; 0] = \begin{bmatrix} 0 & 0 & 0 & 0 & 0 & 0 & 0 \\ 0 & 0 & 0 & 0 & 0 & 0 & 0 \\ 0 & 0 & 0 & 0 & 0 & 0 & 0 \\ 0 & 0 & 0 & 0 & 0 & 0 & 0 \\ 0 & 0.5 & 1 & 0 & 0 & 0 & 0 \\ 0 & 0.5 & 0.5 & 0 & 0 & 0 & 0 \\ 0 & 0 & 0 & 0 & 0 & 0 & 0 \end{bmatrix}$$

$$PB_e \times NB_u = \begin{bmatrix} 0 \\ 0 \\ 0 \\ 0 \\ 0 \\ 0.5 \\ 1 \end{bmatrix} \circ \begin{bmatrix} 1 & 0.5 & 0 & 0 & 0 & 0 & 0 \end{bmatrix} = \begin{bmatrix} 0 & 0 & 0 & 0 & 0 & 0 & 0 \\ 0 & 0 & 0 & 0 & 0 & 0 & 0 \\ 0 & 0 & 0 & 0 & 0 & 0 & 0 \\ 0 & 0 & 0 & 0 & 0 & 0 & 0 \\ 0 & 0 & 0 & 0 & 0 & 0 & 0 \\ 0.5 & 0.5 & 0 & 0 & 0 & 0 & 0 \\ 1 & 0.5 & 0 & 0 & 0 & 0 & 0 \end{bmatrix}$$

因而有

$$\underset{\sim}{R} = \begin{bmatrix} 0 & 0 & 0 & 0 & 0 & 0.5 & 1 \\ 0 & 0 & 0 & 0 & 0.5 & 0.5 & 0.5 \\ 0 & 0 & 0.5 & 0.5 & 1 & 0.5 & 0 \\ 0 & 0 & 0.5 & 1 & 0.5 & 0 & 0 \\ 0 & 0.5 & 1 & 0.5 & 0.5 & 0 & 0 \\ 0.5 & 0.5 & 0.5 & 0 & 0 & 0 & 0 \\ 1 & 0.5 & 0 & 0 & 0 & 0 & 0 \end{bmatrix}$$

4）模糊推理

模糊控制器的模糊输出通过偏差的模糊向量$\underset{\sim}{e}$和模糊关系$\underset{\sim}{R}$的合成求取,即

$$\underset{\sim}{u} = \underset{\sim}{e} \circ \underset{\sim}{R} \tag{3.2.5}$$

假设偏差的精确值 e 为 1,由表 3.2.1 可知,其对应的模糊输入 $\underset{\sim}{e}$ 为 $(0 \ 0 \ 0 \ 0 \ 1 \ 0.5 \ 0)$,这时

$$\underset{\sim}{u} = \underset{\sim}{e} \circ \underset{\sim}{R} = \begin{bmatrix} 0 & 0 & 0 & 0 & 1 & 0.5 & 0 \end{bmatrix} \circ \begin{bmatrix} 0 & 0 & 0 & 0 & 0 & 0.5 & 1 \\ 0 & 0 & 0 & 0 & 0.5 & 0.5 & 0.5 \\ 0 & 0 & 0.5 & 0.5 & 1 & 0.5 & 0 \\ 0 & 0 & 0.5 & 1 & 0.5 & 0 & 0 \\ 0 & 0.5 & 1 & 0.5 & 0.5 & 0 & 0 \\ 0.5 & 0.5 & 0.5 & 0 & 0 & 0 & 0 \\ 1 & 0.5 & 0 & 0 & 0 & 0 & 0 \end{bmatrix}$$

$$= \begin{bmatrix} 0.5 & 0.5 & 1 & 0.5 & 0.5 & 0 & 0 \end{bmatrix}$$

或写成

$$\underset{\sim}{u} = \frac{0.5}{-3} + \frac{0.5}{-2} + \frac{1}{-1} + \frac{0.5}{0} + \frac{0.5}{1} + \frac{0}{2} + \frac{0}{3} \tag{3.2.6}$$

注意:

（1）通过模糊决策,得到的控制器输出是模糊语言值,即模糊集合。

（2）该模糊集合不一定是凸模糊集,也不一定是正规模糊集。

5）去模糊化

对上述模糊输出,按照隶属度最大原则去模糊化,可以得到精确输出为" -1",即当偏差 e 为"1"时,控制量 $\underset{\sim}{u}$ 为" -1"。

74

实际控制时，模糊输出论域中的"－1"要变为精确量。"－1"这个等级控制电压的精确值，根据事先确定的范围是容易计算得出的。通过这个精确量去控制电热炉的电压，使炉温朝着减小偏差的方向变化。

采用完全相同的方法，可以得到模糊输入论域的其他值对应的控制输出，如表3.2.3所列，称为模糊控制表。

表 3.2.3　模糊控制表

e	－3	－2	－1	0	1	2	3
u	3	2	1	0	－1	－2	－3

上述电热炉温控过程采用的模糊控制器选用偏差作为输入变量，这样的模糊控制器的控制性能还不能令人满意。本节的目的在于，通过一个最简单的温控系统说明模糊控制算法设计的过程，为深入研究模糊控制器设计方法奠定基础。

第三节　模糊控制器设计

一、模糊控制器设计的内容

上一节给出了模糊控制算法的设计，主要包括精确输入信号的获取及其模糊化、基于模糊推理的模糊输出产生，以及去模糊化。通过炉温模糊控制的例子，可以大体了解模糊控制算法的设计过程。

事实上，设计一个满足期望性能的模糊控制器远非这么简单，涉及到许多具体的方法，不同的方法对控制系统的影响是不同的；此外，还需要确定其他内容，如控制器的结构、量化因子等。

概括地讲，模糊控制器的设计主要包括以下4项内容：

(1) 确定模糊控制器的输入和输出变量；

(2) 设计模糊控制器的控制规则；

(3) 确定模糊化和去模糊化方法；

(4) 选择模糊控制器的输入及输出变量的论域，确定量化因子和比例因子。

本节将详细阐述模糊控制器设计的基本方法和基本原则。

二、模糊控制器的结构

1. 含义

所谓模糊控制器的结构，是指模糊控制器作为控制系统的一个环节，含有的输入和输出变量的个数。

显而易见，模糊控制器的输出即为(广义)被控对象的输入。因此，对于一个被控对象已知的控制系统而言，模糊控制器输出的个数是已知的，但模糊控制器输入的个数却不同。

模糊控制器的输入反映了控制器设计所需要的信息，究竟选择哪些变量作为模糊控制器的输入,需要深入研究在手动控制过程中,人是如何利用信息的。这是因为,模糊控制器的控制规则归根到底是要模拟人脑的思维方式。

2. 手动控制中的信息量

一般,将有人参与的控制方式称为手动控制,如人对于各种车辆、舰船、飞机的驾驶,对各种生产过程的控制等。

在手动控制中,大脑中存在许多模糊概念。例如,飞行员沿某航线飞行,如果飞行的航线偏离了目标航线,那么飞机的航线就出现了偏差(大或小)。驾驶员发现这一偏差后,便操纵驾驶杆(反向输出增大或变小),使飞机飞回到目标航线。在驾驶员头脑中,偏差"大"或"小",输出"大"或"小"的概念是模糊的,究竟"大"、"小"的程度如何,并不需要精确测量。然而,对每个驾驶员来讲,他们头脑中"大"、"小"都有一定的客观描述,驾驶员正是凭借这些模糊概念度量飞行偏差的。

如果飞机追击的目标为一敌机,那么,驾驶员为了追击上目标,首先观测的是偏差(包括距离和航向),其次是偏差的变化情况,综合这两方面的情况,驾驶员操纵飞机追击目标。但是,还必须指出,单凭偏差、偏差的变化这两个信息还是不够的,驾驶员还可获得第 3 个信息,即偏差变化的变化。驾驶员根据这 3 个信息量在头脑中加以权衡,给出必要的操纵,不断地观测,不断地操纵,使我机逐渐向目标逼近。

从上面的例子可以看出,在手动控制中,人依据的信息基本上为 3 个,即偏差、偏差的变化,以及偏差变化的变化。但是,人对偏差、偏差的变化,以及偏差变化的变化的敏感程度是不同的,一般来说,人对偏差最敏感,其次是偏差的变化,再次是偏差变化的变化。

3. 模糊控制器的结构

由于模糊控制器的控制规则是根据手动控制规则提出的,所以糊控制器的输入变量也可以有 3 个,即偏差、偏差的变化,以及偏差变化的变化;输出变量一般选择控制量的变化。

1)模糊控制器的维数

模糊控制器输入变量的个数,称为模糊控制器的维数。如果模糊控制器有一个输入变量,那么该控制器就称为一维模糊控制器;如果模糊控制器有两个输入变量,那么该控制器就称为二维模糊控制器。类似地,可以理解三维模糊控制器的含义。

2)不同维数模糊控制器的性能

图 3.3.1 为一维、二维、三维模糊控制器的结构。一般情况下,一维模糊控制器用于一阶被控对象。由于这种控制器的输入变量只选择偏差,它的动态控制性能不佳,所以目前广泛采用的是二维模糊控制器,它以偏差和偏差的变化作为输入变量。

注意:

(1)模糊控制器的维数与被控对象的输入、状态,以及输出的个数均没有关系。

(2)模糊控制器的维数,既不是控制器的状态变量的个数,也不是控制器的输出变量的个数,而是输入变量的个数。

(3)从理论上讲,模糊控制器的维数越高,控制越精细。但是,维数增加,将使得模糊控制规则复杂,控制算法实现困难,这或许是目前广泛采用二维模糊控制器的原因所在。

3)模糊控制器的输出

模糊控制器的输出可以按两种方式给出,例如,若偏差"大"时,则以绝对控制量作为

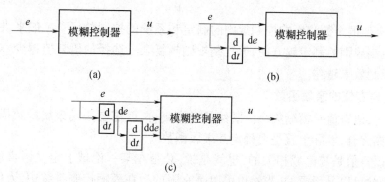

图 3.3.1 模糊控制器的维数

（a）一维模糊控制器；（b）二维模糊控制器；（c）三维模糊控制器。

输出；而当偏差为"中"或"小"时,则以控制量的增量（即控制量的变化）作为输出。尽管这种模糊控制器的结构及控制算法都比较复杂,但可以获得较好的上升特性,改善了控制器的动态品质。

三、模糊控制规则

控制规则是模糊控制器的关键,该部分的设计一般包括选择输入输出变量的语言值、定义各语言值的隶属函数,以及建立模糊控制规则。

1. 选择输入输出变量的语言值

为了选择输入输出变量的语言值,可考察在日常生活中人们对事物的习惯描述。一般来说,人们习惯于把事物分为 3 个等级,如:体积可分为"大"、"中"、"小";速度可分为"快"、"中"、"慢";年龄可分为"老"、"中"、"青";身高可分为"高"、"中"、"矮";质量可分为"好"、"中"、"差"等。

在模糊控制系统中,通常选择"大"、"中"、"小"等 3 个词汇描述模糊控制器的输入和输出变量的状态。由于人在正、负两个方向的判断基本上是对称的,因此将"大"、"中"、"小"再加上"正"、"负"两个方向,并考虑变量的零状态,共有 7 个词汇,即

负大、负中、负小、零、正小、正中、正大

作为输入输出变量的状态,一般用英文字头缩写为

NB、NM、NS、O、PS、PM、PB

其中:

NM:Negative Medium

PM:Positive Medium

其余符号同前。

注意:

（1）上述语言值的选择并不是固定的。除了上述选择方法以外,还可以选择 3 个（"负"、"零"、"正"）和 5 个（"负大"、"负小"、"零"、"正小"、"正大"）,甚至 8 个（"负大"、"负中"、"负小"、"负零"、"正零"、"正小"、"正中"、"正大"）等。

（2）输入语言值的个数可以和输出语言值的相同,也可以不相同。例如,可以是输入和输出语言值的个数均为 3 个,也可以是输入语言值的个数为 5,而输出语言值的个数

77

为3。

(3) 语言值的个数将影响控制规则的制定和系统的控制效果。一般来讲,选择的语言值越多,控制规则的制定越方便,但控制规则越复杂。选择的语言值越少,对变量的描述越粗糙,控制效果越差。

2. 定义语言值的隶属函数

如上所述,语言值是模糊集合。既然是模糊集合,就需要采用隶属函数描述。因此,说明一个模糊集合,实际上就是要确定其隶属函数。

考虑的语言值是与论域相关的,也就是说,总是在某一论域上定义语言值的。论域中,元素的个数可以是无限的,当然也可以是有限的。在模糊控制系统中,人们通常考虑含有有限个离散点的论域,但这并不意味着不考虑含有无限个元素的论域,特别是连续论域。

在模糊控制系统中,通常采用两种方式刻画一个语言值的隶属函数:一种是画出该隶属函数的图形,主要适用连续论域;另一种是通过表格给出元素的隶属度,主要适用离散论域。

对于离散论域上的语言值,在实际应用时,人们通常首先将离散论域扩展成连续论域;然后,在连续论域上画出语言值的隶属函数;最后,将隶属函数曲线离散化,得到有限个点上的隶属度,形成离散论域上语言值的隶属函数曲线。

例 3.3.1 为了在论域 $X = \{-7, -6, -5, -4, -3, -2, -1, 0, 1, 2, 3, 4, 5, 6, 7\}$ 上定义语言值"正中":①将论域 X 扩展成连续论域 $X' = [-7, 7]$;②画出 X' 上"正中"的隶属函数曲线,如图 3.3.2 所示;③将该曲线在点 $-7, -6, -5, -4, -3, -2, -1, 0, 1, 2, 3, 4, 5, 6, 7$ 上离散化,得到论域 X 上"正中"的隶属函数曲线。由该曲线可以得到"正中"的表达形式为

$$正中 = \frac{0.3}{2} + \frac{0.8}{3} + \frac{1}{4} + \frac{0.8}{5} + \frac{0.3}{6}$$

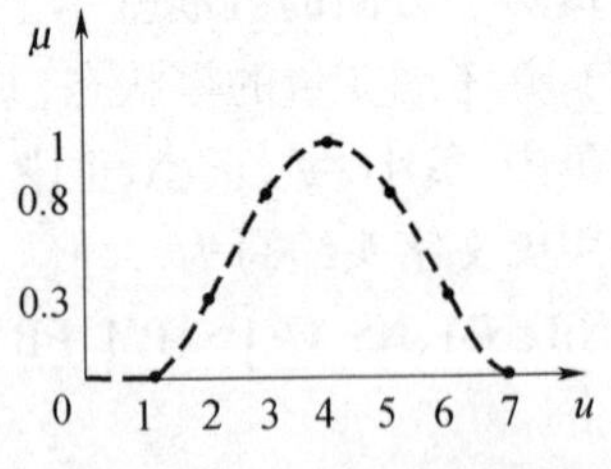

图 3.3.2 "正中"的隶属函数曲线

例 3.3.2 将上例中"正中"的隶属函数采用如下表格的形式表示:

u	−7	−6	−5	−4	−3	−2	−1	0	1	2	3	4	5	6	7
正中	0	0	0	0	0	0	0	0	0	0.3	0.8	1	0.8	0.3	0

注意: 在设计模糊控制器时,通常在论域上定义多个语言值,相应地,在描述隶属函数的平面上画出多个隶属函数的曲线,如图 3.2.1 所示;在描述隶属函数的表格中列出多个隶属函数的元素的隶属度,如表 3.2.1 所列。

1）语言值的隶属函数曲线形状与系统性能的关系

对于相同类型的隶属函数曲线而言,不同的隶属函数曲线形状将导致不同的控制效果。例如,图3.3.3所示的3个模糊集合$\underset{\sim}{A}$、$\underset{\sim}{B}$、$\underset{\sim}{C}$的隶属函数曲线的形状不同。其中:$\underset{\sim}{A}$的形状最尖,相同输入的变化引起的隶属度的变化最大,也就是它的分辨率最高;$\underset{\sim}{C}$的形状最缓,相同输入的变化引起的隶属度的变化最小,也就是它的分辨率最低;与$\underset{\sim}{A}$和$\underset{\sim}{C}$相比,$\underset{\sim}{B}$的分辨率居中。

显而易见,分辨率较高的模糊集合的控制灵敏度也较高;相反,分辨率较低的模糊集合的控制特性较平缓,系统稳定性较好。

因此,在定义语言值时,通常在偏差较大的区域,采用较低分辨率的隶属函数;在偏差较小的区域,采用较高分辨率的隶属函数;当偏差接近于零时,采用高分辨率的隶属函数。

2）语言值的隶属函数分布与系统性能的关系

在语言变量的论域上定义多个语言值,目的是不管输入（输出）在论域上取哪一个元素,都有语言值对应,或者说,该元素对应的至少一个语言值的隶属度大于零,使得与该语言值相关的模糊规则能够被激活,从而产生相应的控制作用。这就要求定义的语言值的隶属函数应该具有较好的分布性,或者说,这些语言值的隶属函数应该较好地覆盖整个论域,不能出现"空挡",即任何一个语言值的隶属函数都没有覆盖的情况,否则将会使系统出现"死区",如图3.3.4所示。

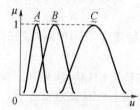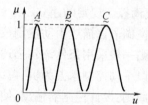

图3.3.3　不同形状的隶属函数　　　图3.3.4　出现"空挡"的语言值的隶属函数分布

此外,在定义这些语言值时,即使没有出现"空挡",也要使得论域中任何元素对至少一个语言值的隶属度不能太小,否则会在该元素附近出现不灵敏区。

3）语言值的隶属函数交叉程度与系统性能的关系

如图3.3.5所示,$\underset{\sim}{A}$和$\underset{\sim}{B}$是某一论域上的两个语言值,α是$\underset{\sim}{A}$和$\underset{\sim}{B}$交集的最大隶属度,可以反映两个语言值的影响程度。

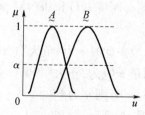

图3.3.5　语言值的隶属函数交叉程度

当α较小时,语言值之间的影响程度较小,某一元素对应最多一个语言值的隶属度较大,与该语言值相关的模糊规则被激活的强度较高,相应地,该模糊规则产生的控制作用较大,因此控制灵敏度较高。

当 α 较大时,语言值之间的影响程度较大,某一元素对应这两个语言值的隶属度都较大,与这两个语言值相关的模糊规则被激活的强度都较高,相应地,这些模糊规则产生的控制作用都较大,它们的混合产生了最终的控制作用。因此,控制系统的鲁棒性较好,但控制灵敏度较低。

通过上述分析可以知道,α 取值过小或过大都是不利的,一般选取 α 的值为 $0.4 \sim 0.8$。

3. 建立模糊控制规则

1)模糊控制规则的来源

模糊控制规则来源于手动控制策略,而手动控制策略又是人们通过学习、试验,以及长期经验积累而逐渐形成的、存储在头脑中的技术知识集合。

手动控制一般通过对被控对象的观测,再根据操作者已有的经验和技术知识,进行综合分析,并作出控制决策,调整施加于被控对象的控制作用,从而使系统达到预期的目标。

手动控制与自动控制系统中的控制器的作用是基本相同的,所不同的是,手动控制基于操作者的经验和技术知识,而控制器是基于某种控制算法的数值运算。

利用模糊集合理论和语言变量、语言值等概念,可以把利用语言描述的手动控制策略转化为数值运算。于是,可以采用微计算机完成控制器的任务,以代替手动控制,实现模糊控制的目标。

2)模糊控制规则的建立

利用模糊语言描述手动控制策略的过程,实际上就是建立模糊控制规则的过程。模糊控制规则一般采用条件语句描述。

下面以手动控制水温为例,总结手动控制策略,从而给出模糊控制规则。确定模糊控制规则的原则:设计控制器输出,使得系统输出响应的动静态特性达到最佳。

假设系统的期望输出响应曲线如图 3.3.6 所示,记偏差

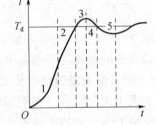

$$e(t) = T(t) - T_{\mathrm{d}} \qquad (3.3.1)$$

式中:$T(t)$ 为 t 时刻的实际水温;T_{d} 为设定水温。

并记偏差的变化为

$$\mathrm{d}e(t) = e(t-1) - e(t) \qquad (3.3.2)$$

为了阐述方便,下面省去时刻 t,而将 $e(t)$ 和 $\mathrm{d}e(t)$ 图 3.3.6　系统的期望输出响应曲线
分别简记为 e 和 $\mathrm{d}e$。

(1)系统响应曲线处于第 1 段。此时 e 为"负大"(NB),那么无论 $\mathrm{d}e$ 的值如何,为了消除偏差,应加大控制量,即控制量 u 应为"正大"(PB),有如下 4 条控制规则:

规则 1:如果 e 是 NB,且 $\mathrm{d}e$ 是 PB,则 u 为 PB。

规则 2:如果 e 是 NB,且 $\mathrm{d}e$ 是 PS,则 u 为 PB。

规则 3:如果 e 是 NB,且 $\mathrm{d}e$ 是 O,则 u 为 PB。

规则 4:如果 e 是 NB,且 $\mathrm{d}e$ 是 NS,则 u 为 PB。

注意:这里 u 为"正大",是指与某一固定的控制量 u_0 相比,u 远大于 u_0 而言的。其他概念的含义可以类似理解。

（2）系统响应曲线处于第 2 段。此时 e 为"负小"或"零"，主要矛盾转化为系统的稳定性。为了防止超调过大，并使系统尽快稳定，需要根据 de 确定 u。若 de 为正，表明偏差有减小的趋势，u 可取较小的值，有如下 6 条控制规则：

规则 5：如果 e 是 NS，且 de 是 O，则 u 为 PS。

规则 6：如果 e 是 NS，且 de 是 PS，则 u 为 O。

规则 7：如果 e 是 NS，且 de 是 PB，则 u 为 NS。

规则 8：如果 e 是 O，且 de 是 O，则 u 为 O。

规则 9：如果 e 是 O，且 de 是 PS，则 u 为 NS。

规则 10：如果 e 是 O，且 de 是 PB，则 u 为 NB。

（3）系统响应曲线处于第 5 段。此时 e 为"负小"或"零"，且 de 为负，表明偏差有增大的趋势。为了减少偏差，应加大控制量，有如下 4 条控制规则：

规则 11：如果 e 是 NS，且 de 是 NS，则 u 为 PS。

规则 12：如果 e 是 NS，且 de 是 NB，则 u 为 PB。

规则 13：如果 e 是 O，且 de 是 NS，则 u 为 PS。

规则 14：如果 e 是 O，且 de 是 NB，则 u 为 PB。

（4）系统响应曲线处于其他段。根据系统工作的特点，当 e 和 de 同时变号时，u 也应变号。这样，就可以得出剩余的 9 条控制规则，它们对应系统响应曲线其他段的控制规则。

所有控制规则如表 3.3.1 所列。

表 3.3.1 控制规则表

de \\ u \\ e	NB	NS	O	PS	PB
NB	–	PB	PB	PS	NB
NS	PB	PS	PS	O	NB
O	PB	PS	O	NS	NB
PS	PB	O	NS	NS	NB
PB	PB	NS	NB	NB	–

正如在第二节中所述，每一条控制规则对应一个模糊蕴涵关系。因此，所有控制规则对应的模糊蕴涵关系是上述模糊蕴涵关系的"并"。记规则 i 对应的模糊蕴涵关系为 $\underset{\sim}{R}_j$，则表 3.3.1 对应的模糊蕴涵关系可以表示为

$$\underset{\sim}{R} = \bigcup_{i=1}^{23} \underset{\sim}{R}_j \tag{3.3.3}$$

当然，$\underset{\sim}{R}$ 还可以采用模糊矩阵表示（更详细的内容请参阅第二章）。

注意：

（1）控制规则的数量要适度。控制规则越多，控制精度越高，但系统的实时性越差；控制规则越少，系统运行的速度越快，但控制精度越低。

（2）控制规则的内容要具有相容性。相同的控制规则前件应导致相同的后件，不能相互矛盾。

（3）控制规则的分布要具有完备性。对于控制器的任何输入都有相应的控制规则，从而产生相应的输出，避免控制"盲区"的存在。

（4）控制规则既可以通过专家经验或被控对象的知识生成，也可以通过被控对象的模糊模型生成，还可以通过学习算法生成。

四、模糊化方法

1. 模糊化

模糊论域上的元素是一个精确量。例如，温度偏差论域 $X = \{-3, -2, -1, 0, 1, 2, 3\}$ 上的元素 1 就是一个精确量。也就是说，考虑的精确量是经过离散化以后的量，而不是基本论域中的连续量（这两个论域上不同量的转化方法稍后阐述）。

将模糊论域上的精确量转换为模糊量的过程，称为模糊化。这里，精确量是一个标量，而模糊量是一个向量，或者说是一个模糊集合。所以，模糊化就是将一个标量转化为一个模糊集合的过程。

注意：

（1）转化后的模糊集合的表示与所考虑的论域密切相关。例如，人们考虑的论域是 $X = \{-3, -2, -1, 0, 1, 2, 3\}$。那么，该模糊集合包含 7 个元素，每个元素的隶属度的聚集形成了该模糊集合的隶属函数。

（2）模糊化的本质就是在论域上定义一个模糊集合，这个模糊集合可以是已经在该论域上定义好的语言值，也可以是一个尚没有定义的语言值，还可以是一个没有明确含义的"人造"的模糊集合。

2. 模糊化方法

1）精确值对应的隶属度最大的语言值只有一个

考虑论域上定义的所有语言值，如果只存在一个语言值，使得该精确值对应的隶属度最大。那么，就将该语言值作为精确值的模糊化结果。

例 3.3.3 考虑温度偏差论域 $X = \{-3, -2, -1, 0, 1, 2, 3\}$ 上的语言值 NB、NS、O、PS、PB，这些语言值的定义如表 3.2.1 所列，试将精确量 1 模糊化。

观察表 3.2.1 中精确量 1 所在的列，容易看出，1 对应的隶属度最大的语言值只有 PS，那么 1 的模糊量就是 PS，或写成

$$\underset{\sim}{1} = \frac{0}{-3} + \frac{0}{-2} + \frac{0}{-1} + \frac{0}{0} + \frac{1}{1} + \frac{0.5}{2} + \frac{0}{3} \tag{3.3.4}$$

当然，也可以写成向量的形式

$$\underset{\sim}{1} = (0 \quad 0 \quad 0 \quad 0 \quad 1 \quad 0.5 \quad 0) \tag{3.3.5}$$

课堂练习 3.3.1 考虑例 3.3.3 中的论域和语言值，试求精确量 -1 对应的模糊量。

2）精确值对应的隶属度最大的语言值不止一个

通常，论域包含的元素多于在该论域上定义的语言值，因此往往存在这样的元素，它不是只对某一个语言值的隶属度最大，而是对几个语言值的最大隶属度相同。例如，表 3.2.1 中的元素 -2 对 NS 和 NB 的隶属度最大，均为 0.5；元素 2 对 PB 和 PS 的隶属度最大，均为 0.5。

此时,与该精确值对应的模糊量是:该精确值的隶属度为 1,论域上其他元素的隶属度均为 0。

例 3.3.4 考虑例 3.3.3 中的论域和语言值,试将精确量 2 模糊化。

观察表 3.2.1 中精确量 2 所在的列,容易看出,2 对应的隶属度最大的语言值为 PB 和 PS,那么 2 的模糊量可以写成

$$\underset{\sim}{2} = \frac{0}{-3} + \frac{0}{-2} + \frac{0}{-1} + \frac{0}{0} + \frac{0}{1} + \frac{1}{2} + \frac{0}{3} \tag{3.3.6}$$

写成向量的形式为

$$\underset{\sim}{2} = (0 \quad 0 \quad 0 \quad 0 \quad 0 \quad 1 \quad 0) \tag{3.3.7}$$

请问:$\underset{\sim}{2}$ 表示的是什么语言值? 为什么?

课堂练习 3.3.2 考虑例 3.3.3 中的论域和语言值,试求精确量 −2 对应的模糊量,并给出其表示的语言值。

五、去模糊化方法

1. 去模糊化

通过模糊推理得到的结果是一个模糊量,或者说是模糊集合。但是,在模糊控制系统中,需要一个确定的值作为控制信号控制或驱动执行机构。

取一个能最佳代表推理结果模糊集合的精确值,称为去模糊化,或称精确化、模糊判决。

注意:

(1) 去模糊化将一个定义在模糊论域上的模糊集合转化为一个精确值,也就是说,由一个向量转化为一个标量。

(2) 转化后的精确值可以是模糊论域上的元素,也可以不是模糊论域上的元素,甚至可以不是一个整数。但是,经过变换(乘以比例因子)后,应该是相应基本论域上的元素。

2. 去模糊化方法

去模糊化方法很多,但不同的方法所得到的结果也是不同的。常用的去模糊化方法有以下 3 种。

1) 最大隶属度法

在推理结果的模糊集合中,取隶属度最大的元素作为去模糊化结果,记输出论域 V 上的模糊集合为 $\underset{\sim}{C}$,去模糊化结果为 v_0,则有

$$v_0 = \arg \max_{v \in V} \mu_{\underset{\sim}{C}}(v) \tag{3.3.8}$$

式中:arg 为"求相应的元素"算子。

注意:

(1) 如果 V 中 $\underset{\sim}{C}$ 的最大隶属度对应的元素多于一个,那么,取所有具有最大隶属度的元素的平均值作为去模糊化结果,即

$$v_j = \arg \max_{v \in V} \mu_{\underset{\sim}{C}}(v) \quad j = 1, 2, \cdots, J$$

$$v_0 = \frac{1}{J} \sum_{j=1}^{J} v_j \tag{3.3.9}$$

式中: J 为具有最大隶属度的元素个数。

在 Matlab 中,最大隶属度法用"mom"表示。

(2) 最大隶属度法不考虑输出隶属函数的具体形状,只关心具有最大隶属度的输出值,因此难免会丢失许多信息。

(3) 最大隶属度法计算简单,常用在控制精度要求不高的场合。

例 3.3.5 设 $V = \{-5, -4, -3, -2, -1, 0, 1, 2, 3, 4, 5\}$ 上的模糊集合为

$$\underset{\sim}{C} = \frac{0.3}{-1} + \frac{0.8}{-2} + \frac{1}{-3} + \frac{0.5}{-4} + \frac{0.1}{-5}$$

用最大隶属度法求 v_0。

显而易见,在 $\underset{\sim}{C}$ 中元素 -3 的隶属度最大,则取 $v_0 = -3$ 作为 $\underset{\sim}{C}$ 的去模糊化结果。

请问: $v_0 = -3$ 是否模糊论域上的元素?

课堂练习 3.3.3 设 $V = \{-5, -4, -3, -2, -1, 0, 1, 2, 3, 4, 5\}$ 上的模糊集合为

$$\underset{\sim}{C} = \frac{0.3}{0} + \frac{1}{1} + \frac{1}{2} + \frac{0.8}{3} + \frac{0.4}{4} + \frac{0.2}{5}$$

用最大隶属度法求 v_0。

2) 重心法

对于输出论域 V 上的模糊集合 $\underset{\sim}{C}$,其隶属函数曲线与横坐标围成了一个形状不规则的图形,重心法取该图形面积重心的横坐标 v_0 作为模糊集合的去模糊化结果。

如果 V 是一个连续论域,那么

$$v_0 = \frac{\int_V v \cdot \mu_{\underset{\sim}{C}}(v) \, dv}{\int_V \mu_{\underset{\sim}{C}}(v) \, dv} \tag{3.3.10}$$

式中: $\int$ 表示积分。

如果 V 是一个含有 m 个元素的离散论域,那么

$$v_0 = \frac{\sum_{k=1}^{m} v_k \cdot \mu_{\underset{\sim}{C}}(v_k)}{\sum_{k=1}^{m} \mu_{\underset{\sim}{C}}(v_k)} \tag{3.3.11}$$

式中: $\sum$ 表示求和。

注意:

(1) 重心法利用了输出论域中每一个元素的隶属度信息。因此,采用重心法得到的去模糊化结果比较平滑。也就是说,对于输入信号的微小变化,相应的推理输出一般也会发生变化。

(2) 由于输出模糊论域通常是有限论域,因此式(3.3.11)常用来去模糊化。采用该式时,仅需要考虑那些隶属度大于零的元素。在 Matlab 中,重心法用"centriod"表示。

例 3.3.6 设 $V = \{-5, -4, -3, -2, -1, 0, 1, 2, 3, 4, 5\}$ 上的模糊集合为

$$\underset{\sim}{C} = \frac{0.3}{-1} + \frac{0.8}{-2} + \frac{1}{-3} + \frac{0.5}{-4} + \frac{0.1}{-5}$$

用重心法求 v_0。

由式(3.3.11)可以得到

$$v_0 = \frac{(-1) \times 0.3 + (-2) \times 0.8 + (-3) \times 1 + (-4) \times 0.5 + (-5) \times 0.1}{0.3 + 0.8 + 1 + 0.5 + 0.1} = -2.74$$

请问: $v_0 = -2.74$ 是否模糊论域上的元素?

注意: 由例3.3.5和例3.3.6可知,采用不同的方法,得到的去模糊化结果是不同的。

课堂练习3.3.4 设 $V = \{-5, -4, -3, -2, -1, 0, 1, 2, 3, 4, 5\}$ 上的模糊集合为

$$\underset{\sim}{C} = \frac{0.3}{0} + \frac{1}{1} + \frac{1}{2} + \frac{0.8}{3} + \frac{0.4}{4} + \frac{0.2}{5}$$

用重心法求 v_0。

3）中位数法

对于输出论域 V 上的模糊集合 $\underset{\sim}{C}$,其隶属函数曲线与横坐标围成了一个形状不规则的图形,用平行于纵轴的直线切割该图形。如果某直线将该图形的面积平分为两部分,那么该直线与横轴的交点 v_0 即为模糊集合的去模糊化结果。

注意: 这种方法虽然充分地利用了模糊集合的信息,但计算烦琐,而且缺乏对隶属度较大元素提供主导信息的充分重视,因此该方法在实际应用中受到限制。在 Matlab 中,中位数法用"bisector"表示。

除了上述去模糊化方法以外,还有其他方法,这些方法在 Matlab 中也有与之对应的函数表示。

六、论域、量化因子和比例因子

1. 论域

在模糊控制系统中,考虑的论域比较多,不但有输入变量的基本论域,还有输入变量的模糊论域;不但有输出变量的基本论域,还有输出变量的模糊论域。

前面已经提到,通常输入(输出)变量的基本论域是连续的,而其模糊论域是离散的。不管哪个论域,虽然包含的元素不相同,元素的个数也不相同,但其元素都是精确值。

在模糊控制器中,输入变量一般为偏差和偏差变化,输出变量一般为控制量,相应地,这些变量的基本论域分别记为 $[-x_e, x_e]$,$[-x_{de}, x_{de}]$ 和 $[-y_u, y_u]$;模糊论域分别记为 $\{-n, -n+1, \cdots, 0, \cdots, n-1, n\}$,$\{-m, -m+1, \cdots, 0, \cdots, m-1, m\}$ 和 $\{-l, -l+1, \cdots, 0, \cdots, l-1, l\}$。

注意:

(1)基本论域的选择通常与要控制的对象相关,没有统一的选择方法。

(2)关于模糊论域的选择,一般选取 $n \geq 6, m \geq 6, l \geq 7$。这是因为,定义在模糊论域上的语言值通常选取7个(或8个),当然也有选取5个甚至3个的情况,但比较少。这样一来,模糊论域所含元素的个数将是语言值个数的2倍左右,语言值能较好地覆盖模糊论域。

(3)增加模糊论域中元素的个数,可以提高控制精度,但也会增加计算量。

2. 量化因子

考察输入变量"偏差"的两个论域,分别是基本论域和模糊论域。对于基本论域中的

元素,需要采用一定的变换得到模糊论域中的元素,才能进一步得到其模糊量,从而用于模糊推理。该变换本质上将连续的基本论域量化为离散的模糊论域,因此,对于基本论域中的元素,为了得到模糊论域中相应的元素,只需要将前者量化即可,即上述变换实际上就是乘以一个量化因子。

这样一来,如何获取量化因子就显得非常重要。这是因为,一旦知道了量化因子,对于基本论域中的任何元素都可以通过乘以该量化因子得到模糊论域中的元素。

记偏差的量化因子为 K_e,由偏差的基本论域和模糊论域的表示形式可以得到

$$K_e = \frac{n}{x_e} \qquad (3.3.12)$$

注意:

(1)量化因子实际上起到"增益"的作用,从这个意义上讲,称量化因子为量化增益更合适。

(2)知道 K_e 的取值后,对于基本论域中的元素 x'_e,$\lfloor K_e \cdot x'_e + 0.5 \rfloor$ 即为与 x'_e 对应的模糊论域中的元素,其中 $\lfloor \cdot \rfloor$ 为向下取整算子。

请问:模糊论域与基本论域中相对应的两个点间的比值是否恒等于 K_e?为什么?

类似地,记偏差变化的量化因子为 K_{de},由偏差变化的基本论域和模糊论域的表示形式,可以得到

$$K_{de} = \frac{m}{x_{de}} \qquad (3.3.13)$$

例 3.3.7 考虑例 3.3.3 中温度偏差的基本论域为 $[-30,30]$,模糊论域 $X = \{-3, -2, -1, 0, 1, 2, 3\}$,求 K_e。

这里 $x_e = 30, n = 3$,根据式(3.3.12)容易得到

$$K_e = \frac{n}{x_e} = \frac{3}{30} = 0.1$$

3. 比例因子

前面已经提及,对模糊输出去模糊化得到的是精确量。不同的去模糊化方法得到的结果是不同的,有的是模糊论域上的元素,有的则不是。

但是,去模糊化结果不能直接作用被控对象,还需要将其转换到被控对象能接受的基本论域中。那么,如何实现上述转换呢?

为此,人们考察输出变量的基本论域和模糊论域,分别为 $[-y_u, y_u]$ 和 $\{-l, -l+1, \cdots, 0, \cdots, l-1, l\}$。这两个论域之间满足如下关系

$$K_u = \frac{y_u}{l} \qquad (3.3.14)$$

式中:K_u 为比例因子。

一旦知道了 K_u 的取值,对于任意去模糊化结果 v_0,可以通过下式得到基本论域中的元素,用于控制被控对象

$$y(v_0) = K_u \cdot v_0 \qquad (3.3.15)$$

式中:$y(\cdot)$ 是反映模糊论域到基本论域变换的函数。

注意:

(1) 虽然 v_0 可能不属于模糊论域 $\{-l,-l+1,\cdots,0,\cdots,l-1,l\}$，但 $-l \leqslant v_0 \leqslant l$。因此,根据式(3.3.15)得到的 $y(v_0) \in [-y_u, y_u]$。

(2) 比较量化因子和比例因子不难看出,两者均是考虑两个论域变换而引出的,对输入变量而言,量化因子确实具有量化效应;对输出而言,比例因子只起到比例作用。

(3) 这里考虑的两个论域的变换都是线性变换,是最简单的情况。当然,两个论域的变换不限于线性变换,还可以是非线性变换,甚至是难以通过数学表达式表示的更复杂变换。

例 3.3.8 考虑输出的基本论域是 $[-2,2]$,对于模糊论域 $V = \{-5,-4,-3,-2,-1,0,1,2,3,4,5\}$ 上的模糊集合

$$\underset{\sim}{C} = \frac{0.3}{-1} + \frac{0.8}{-2} + \frac{1}{-3} + \frac{0.5}{-4} + \frac{0.1}{-5}$$

采用重心法去模糊化,求相应的控制量。

在例 3.3.6 中,已经给出采用重心法去模糊化的结果为 $v_0 = -2.74$。

由于 $y_u = 2, l = 5$,根据式(3.3.14)可以得到

$$K_u = \frac{y_u}{l} = \frac{2}{5} = 0.4$$

再根据式(3.3.15)可以得到

$$y(v_0) = K_u \cdot v_0 = 0.4 \times (-2.74) = -1.096$$

课堂练习 3.3.5 考虑输出的基本论域是 $[-2,2]$,对于模糊论域 $V = \{-5,-4,-3,-2,-1,0,1,2,3,4,5\}$ 上的模糊集合

$$\underset{\sim}{C} = \frac{0.3}{0} + \frac{1}{1} + \frac{1}{2} + \frac{0.8}{3} + \frac{0.4}{4} + \frac{0.2}{5}$$

采用最大隶属度法去模糊化,求相应的控制量。

第四节 模糊控制查询表

一、模糊控制查询表

在实际的模糊控制系统中,通常通过离线计算得到一个模糊控制表,该表描述了偏差和偏差变化量化值与控制输出量化值之间的一一对应关系,并存放在计算机中。当模糊控制器工作时,计算机首先根据采样得到的偏差和偏差变化的量化值,通过查询表找出与之对应的控制输出量化值;然后,将该量化值乘以比例因子,就得到了被控对象的控制输出量。该系统的结构如图 3.4.1 所示。

注意:

(1) 设计模糊控制查询表是模糊控制器设计的关键。一旦有了模糊控制查询表,对于给定的偏差和偏差变化,很容易得到相应的控制输出。

(2) 含有模糊控制查询表的模糊控制器存放的只是一个查询表,因此,需要的存储空

图 3.4.1　模糊控制查询表结构

间很少。

（3）由于模糊控制查询表是离线建立的,因此,它丝毫没有影响模糊控制器实时运行的速度,完全满足实时控制要求,在很多实际系统的模糊控制中,采用的多是这种方式。

二、模糊控制查询表的设计

设计模糊控制查询表,就是要给出偏差和偏差变化的量化值与控制输出量化值之间的对应关系。为了确定上述对应关系,需要利用上一节的方法。

下面以温度控制系统的模糊控制器设计为例,说明模糊控制查询表的设计过程。

1. 选择输入和输出变量

选择被控对象的实际温度 T 与给定温度 T_d 的偏差 $e = T - T_d$ 及其变化 de 作为输入变量,选择控制加热装置的供电电压 u 作为输出变量,这样就构成了一个二维模糊控制器。

2. 选择输入和输出变量的论域,计算量化因子和比例因子

选择偏差、偏差变化,以及供电电压的基本论域分别为 $[-50, 50]$、$[-150, 150]$ 和 $[-64, 64]$,其模糊论域均为 $\{-4, -3, -2, -1, 0, 1, 2, 3, 4\}$,则量化因子和比例因子分别为

$$K_e = \frac{4}{50} = 0.08, \quad K_{de} = \frac{4}{150} = 0.027, \quad K_u = \frac{64}{4} = 16$$

3. 定义输入和输出变量的语言值

对输入和输出语言变量,均定义 5 个语言值,分别为 PB、PS、O、NS 和 NB,其隶属函数如表 3.4.1 所列。

表 3.4.1　语言值的隶属函数

隶属度　元素　语言值	-4	-3	-2	-1	0	1	2	3	4
PB	0	0	0	0	0	0	0	0.35	1
PS	0	0	0	0	0	0.4	1	0.4	0
O	0	0	0	0.2	1	0.2	0	0	0
NS	0	0.4	1	0.4	0	0	0	0	0
NB	1	0.35	0	0	0	0	0	0	0

4. 制定模糊控制规则

模糊控制规则如表 3.4.2 所列,与表 3.3.1 完全相同。

88

表 3.4.2　控制规则表

de \ u,e	NB	NS	O	PS	PB
NB		PB	PB	PS	NB
NS	PB	PS	**PS**	**O**	NB
O	PB	PS	O	NS	NB
PS	PB	O	NS	NS	NB
PB	PB	NS	NB	NB	

5. 生成模糊控制查询表

以某一时刻的偏差和偏差变化为例,说明模糊控制查询表的生成过程。设某一时刻偏差 e 在模糊论域的取值为 1,偏差变化 de 在模糊论域的取值为 -2。

1）计算偏差和偏差变化对语言值的隶属度

由表 3.4.1 可知,e 和 de 对这些语言值的隶属度分别为

偏差 e

$$\mu_{PB}(1) = 0, \quad \mu_{PS}(1) = 0.4, \quad \mu_{O}(1) = 0.2, \quad \mu_{NS}(1) = 0, \quad \mu_{NB}(1) = 0$$

偏差变化 de

$$\mu_{PB}(-2) = 0, \quad \mu_{PS}(-2) = 0, \quad \mu_{O}(-2) = 0, \quad \mu_{NS}(-2) = 1, \quad \mu_{NB}(-2) = 0$$

可以看出,e 属于 PS 和 O 的隶属度大于零;de 属于 NS 的隶属度大于零。

2）查找被激活的模糊控制规则

虽然模糊控制规则表中有很多控制规则,但对于某一时刻的偏差和偏差变化取值,并不是所有的控制规则都能够被激活。通常,能够被激活的控制规则只有为数不多的几个,这些规则也称为匹配的规则或有效的规则。

为了查找被激活的控制规则,考察隶属度大于零的语言值所在的行和列,它们的交点对应的控制规则就是被激活的控制规则。

通过表 3.4.2 可知,如下两条控制规则被激活:

规则 1:如果 e 是 O,且 de 是 NS,则 u 是 PS。

规则 2:如果 e 是 PS,且 de 是 NS,则 u 是 O。

上述被激活的控制规则在表 3.4.2 中被加粗显示。

3）计算被激活规则的前件满足度

所谓前件满足度,是指对于给定的偏差和偏差变化取值,符合规则前件的程度,或者说,与规则前件匹配的程度。

前件满足度可以采用不同的方法计算,常见的有取小法和乘积法。其中,取小法是通过对隶属度取小得到前件满足度;而乘积法是通过对隶属度相乘得到前件满足度。这里采用取小法。

采用取小法,可以得到规则 1 的前件满足度为

$$0.2 \wedge 1 = 0.2$$

规则 2 的前件满足度为

$$0.4 \wedge 1 = 0.4$$

4）计算输出模糊集合

根据第二章的知识可以知道，用前件满足度切割规则后件的模糊集合，就可以得到该规则的推理结果模糊集合；所有推理结果模糊集合的"并"，就是针对这些规则的推理结果模糊集合。

对于规则 1，用 0.2 切割 PS，得到推理结果的模糊集合为

$$\underset{\sim}{C}'_1 = \frac{0}{-4} + \frac{0}{-3} + \frac{0}{-2} + \frac{0}{-1} + \frac{0}{0} + \frac{0.2}{1} + \frac{0.2}{2} + \frac{0.2}{3} + \frac{0}{4}$$

对于规则 2，用 0.4 切割 O，得到推理结果的模糊集合为

$$\underset{\sim}{C}'_2 = \frac{0}{-4} + \frac{0}{-3} + \frac{0}{-2} + \frac{0.2}{-1} + \frac{0.4}{0} + \frac{0.2}{1} + \frac{0}{2} + \frac{0}{3} + \frac{0}{4}$$

那么，这两个规则得到的推理结果模糊集合为

$$\underset{\sim}{C}'_1 \cup \underset{\sim}{C}'_2 = \frac{0}{-4} + \frac{0}{-3} + \frac{0}{-2} + \frac{0.2}{-1} + \frac{0.4}{0} + \frac{0.2}{1} + \frac{0.2}{2} + \frac{0.2}{3} + \frac{0}{4}$$

图 3.4.2 画出了推理过程。

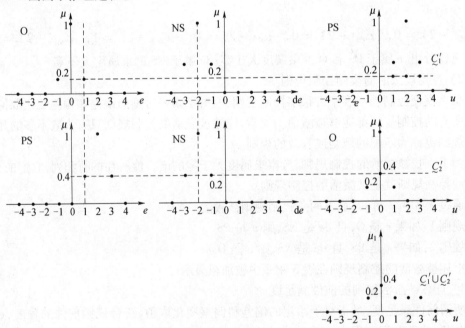

图 3.4.2　模糊推理过程

注意：也可以首先求出上述两个被激活的规则对应的模糊蕴涵关系，然后将 e 和 de 的模糊量与该关系合成，得到推理结果的模糊集合；或针对每一个被激活的规则，得到对应的模糊蕴涵关系，将 e 和 de 的模糊量与该关系合成，得到每一个推理结果的模糊集合，然后再求取这两个模糊集合的"并"。但是，上述过程涉及到高维的矩阵运算相当烦琐，因此很少采用这种方法。

90

5）去模糊化

采用重心法,得到去模糊化后的控制输出为

$$u_0 = \frac{-1 \times 0.2 + 0 \times 0.4 + 1 \times 0.2 + 2 \times 0.2 + 3 \times 0.2}{0.2 + 0.4 + 0.2 + 0.2 + 0.2} = \frac{1.0}{1.2} \approx 1$$

注意:由于模糊控制查询表反映的是偏差和偏差变化量化值与控制输出量化值之间的关系,因此不管采用何种去模糊化方法,最后得到的都应该是输出模糊论域中的一个元素。如果采用某种去模糊化方法,得到的控制输出不是输出模糊论域中的元素,那么需要对该控制输出进行必要的处理。这就是对上面的结果取整的原因。

采用完全相同的方法,对于偏差和偏差变化的所有可能组合,计算出相应的控制输出量,即可生成模糊控制查询表,如表3.4.3所列。

表3.4.3　模糊控制查询表

e \ de (u)	-4	-3	-2	-1	0	1	2	3	4
-4	4	3	3	2	2	3	0	0	0
-3	3	3	3	2	2	2	0	0	0
-2	3	3	2	2	1	1	0	-1	-2
-1	3	2	2	1	1	0	-1	-1	-2
0	2	2	1	1	0	-1	-1	-2	-2
1	2	1	1	0	-1	-1	-2	-2	-3
2	1	1	0	-1	-1	-2	-2	-3	-3
3	0	0	0	-2	-2	-2	-3	-3	-3
4	0	0	0	-3	-2	-2	-3	-3	-4

通过表3.4.3可以知道:

(1)模糊控制查询表包含的元素个数与输入变量的模糊论域包含元素的个数密切相关,与输出变量的模糊论域包含元素的个数无关。更确切地讲,是两个输入模糊论域包含元素个数的乘积。例如,偏差和偏差变化的模糊论域均有9个元素,因此模糊控制查询表包含 $9 \times 9 = 81$ 个元素。

(2)模糊控制查询表反映的是偏差和偏差变化量化值与控制输出量化值之间的关系,因此与输入变量和输出变量的基本论域没有任何关系。也就是说,输入和输出变量的变化范围不影响模糊控制查询表。

(3)模糊控制查询表中的元素不是唯一的,与采取的方法如前件满足度计算方法、去模糊化方法等密切相关。对于相同的偏差和偏差变化取值,采用不同的方法得到的控制输出量化值是不同的。

众所周知,模糊规则在模糊控制器设计中具有非常重要的作用,它是关于语言变量和语言值的模糊蕴涵关系。语言值是定义在模糊论域上的模糊集合,而模糊集合既可以定义在离散论域上,也可以定义在连续论域上。

可以看出,前面给出的语言值都是定义在离散模糊论域上的。这样做的好处是:①论域中每一个元素的隶属度都可以通过表格的形式给出,非常直观;②模糊推理对应的模糊蕴涵关系可以采用模糊矩阵表示,从而将模糊关系运算转化为模糊矩阵的运算。但是,这种做法也有局限性:①论域个数增多,需要定义新的论域,如偏差和偏差变化的模糊论域、控制输出的模糊论域;②需要进行不同论域的变换,如将偏差和偏差变化乘以量化因子得到量化值,将控制输出乘以比例因子得到被控对象的控制量。

如果将语言值定义在连续模糊论域上,或者说,变量的模糊论域和基本论域相同,那么将会克服语言值定义在离散模糊论域上存在的问题。下一节将通过例子说明,这种情况下模糊控制器的设计方法。

第五节 模糊控制器设计举例

模糊控制器的设计是针对实际应用对象进行的,所以设计过程与被控对象密切相关。本节将介绍典型被控对象模糊控制器的设计过程,虽然是针对特定对象的,但设计的思想和方法是雷同的,可以完全移植到不同的被控对象中。

一、液位模糊控制器设计

液位模糊控制系统是一个单输入单输出系统,控制的要求是保持液位恒定,控制量是阀门开启度。

1. 模糊控制器结构

模糊控制器的输入变量分别为偏差 e 和偏差变化 de,输出变量为阀门开启度 u,因此是一个二维模糊控制器。

2. 语言值

取 e、de 和 u 的基本论域分别为 $[-16,16]$、$[-20,20]$ 和 $[0,12]$,其模糊论域等于各自的基本论域,这样就可以在这些连续论域上定义语言值。

在 e 和 de 的论域上定义 5 个语言值,分别是"负大"、"负小"、"零"、"正小"和"正大";在 u 的论域上定义 4 个语言值,分别是"关"、"半开"、"中等"和"开"。这些语言值的隶属函数如图 3.5.1 和图 3.5.2 所示。

注意:由于语言值的论域是连续的,因此不能通过表格的形式列写其隶属函数,但可以采用函数或图示的形式描述其隶属函数。其中,函数描述给出隶属函数的表达形式,比较准确;图示是将隶属函数画在二维平面上,比较直观。如图 3.5.1 和图 3.5.2 就是采用图示的形式。

如果 $e=5$,$de=8$,由图 3.5.1 容易得到,偏差属于"零"的程度是 0.375,属于"正小"的程度是 0.625;偏差变化属于"零"的程度是 0.2,属于"正小"的程度是 0.8。

3. 模糊规则

为了说明问题,这里假定模糊控制规则库仅包含如下两条控制规则:

规则 1:如果 e 为零,或 de 为正小,则 u 半开。

规则 2:如果 e 为正小,且 de 为正小,则 u 开启中等。

注意:规则 1 和规则 2 的前件分别采用"或"和"且"连接两个输入变量的模糊判断,

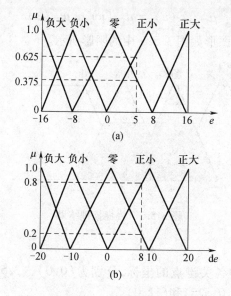

图 3.5.1 偏差和偏差变化的隶属函数

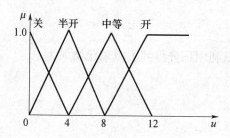

图 3.5.2 阀门流量的隶属函数

相应地,其推理过程也将有所区别。

4. 模糊推理

同样考虑上述的输入变量,即 $e = 5, de = 8$。

采用上一节的方法知道,这两个规则都能够被激活。其中,规则 1 的前件满足度为

$$0.375 \vee 0.8 = 0.8$$

规则 2 的前件满足度为

$$0.625 \wedge 0.8 = 0.625$$

注意:由于规则 1 的前件采用"或"连接两个输入变量的模糊判断,因此其前件满足度是两个隶属度"取大"。

对于规则 1,用 0.8 切割模糊集合"半开",得到推理结果的模糊集合为 $\underset{\sim}{C'_1}$,则有

$$\mu_{\underset{\sim}{C'_1}}(u) = 0.8 \wedge \mu_{\text{半开}}(u)$$

对于规则 2,用 0.625 切割模糊集合"中等",得到推理结果的模糊集合为 $\underset{\sim}{C'_2}$,则有

$$\mu_{\underset{\sim}{C'_2}}(u) = 0.625 \wedge \mu_{\text{中等}}(u)$$

那么,这两个规则得到的推理结果模糊集合为 $\underset{\sim}{C'_1} \cup \underset{\sim}{C'_2}$,则有

93

$$\mu_{\underset{\sim}{C}'_1 \cup \underset{\sim}{C}'_2}(u) = \mu_{\underset{\sim}{C}'_1}(u) \cup \mu_{\underset{\sim}{C}'_2}(u)$$

$\underset{\sim}{C}'_1 \cup \underset{\sim}{C}'_2$ 的隶属函数图形如图 3.5.3 中的阴影所示。

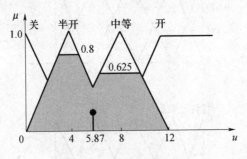

图 3.5.3　模糊推理结果

5. 去模糊化

由图 3.5.3 可以得到各关键点的坐标,分别为 $(0,0)$、$(3.5,0.8)$、$(4.8,0.8)$、$(6,0.5)$、$(6.5,0.625)$、$(9.5,0.625)$ 和 $(12,0)$。

如果采用最大隶属度法,可以得到去模糊化结果为

$$u = \frac{3.5 + 4.8}{2} = 4.15$$

如果采用重心法,可以利用积分得到去模糊化结果为

$$u = \frac{\int_{[0,12]} \mu_{\underset{\sim}{C}'_1 \cup \underset{\sim}{C}'_2}(u) u \mathrm{d}u}{\int_{[0,12]} \mu_{\underset{\sim}{C}'_1 \cup \underset{\sim}{C}'_2}(u) \mathrm{d}u}$$

$$= \frac{\int_0^{3.5} \frac{1}{4} u^2 \mathrm{d}u + \int_{3.5}^{4.8} 0.8 u \mathrm{d}u + \int_{4.8}^{6} \left(2 - \frac{1}{4} u\right) u \mathrm{d}u + \int_{6}^{6.5} \left(\frac{1}{4} u - 1\right) u \mathrm{d}u + \int_{6.5}^{9.5} 0.625 u \mathrm{d}u + \int_{9.5}^{12} \left(3 - \frac{1}{4} u\right) u \mathrm{d}u}{\int_0^{3.5} \frac{1}{4} u \mathrm{d}u + \int_{3.5}^{4.8} 0.8 \mathrm{d}u + \int_{4.8}^{6} \left(2 - \frac{1}{4} u\right) \mathrm{d}u + \int_{6}^{6.5} \left(\frac{1}{4} u - 1\right) \mathrm{d}u + \int_{6.5}^{9.5} 0.625 \mathrm{d}u + \int_{9.5}^{12} \left(3 - \frac{1}{4} u\right) \mathrm{d}u}$$

$$= \frac{36.8823}{6.288} = 5.87$$

去模糊化时,通常取有限个关键点构成的集合作为连续输出论域的离散化形式。对本例而言,这几个离散点的坐标分别为 $(3.5,0.8)$、$(4.8,0.8)$、$(6,0.5)$、$(6.5,0.625)$ 和 $(9.5,0.625)$,那么去模糊化结果为

$$u = \frac{3.5 \times 0.8 + 4.8 \times 0.8 + 6 \times 0.5 + 6.5 \times 0.625 + 9.5 \times 0.625}{0.8 + 0.8 + 0.5 + 0.625 + 0.625} = 5.86$$

由于输出变量的模糊论域与基本论域相同,因此去模糊化结果不再需要乘以比例因子,而直接作为控制输出作用于被控对象。

二、模糊控制系统的 Matlab 仿真

1. 液位模糊控制系统的 Matlab 图形用户界面

对上述实例扩展,采用以下 5 条控制规则:

规则 1:If 偏差为零, then 阀门大小不变。

规则 2:If 偏差负大,then 阀门迅速打开。

规则 3:If 偏差正大,then 阀门迅速关闭。

规则 4:If 偏差为零且变化率为正大,then 阀门缓慢关闭。

规则 5:If 偏差为零且变化率为负大,then 阀门缓慢打开。

在 Matlab 命令窗口中输入"sltank",可以打开如图 3.5.4 所示的窗口。

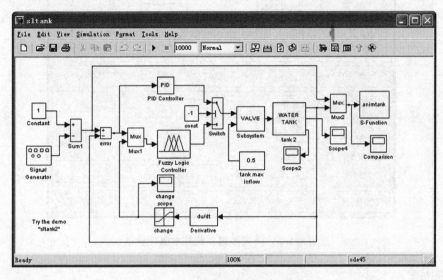

图 3.5.4 Simulink 仿真模型

在 Matlab 左下角的 Start 菜单选项中,用鼠标双击模糊逻辑系统(Fuzzy Logic)工具箱中的 FIS Editor Viewer 项,可以打开模糊推理系统编辑器(FIS Editor)。

利用 FIS Editor 编辑器窗口中的"Edit→Add input"菜单命令,添加模糊控制器的输入语言变量,并将两个输入语言变量和一个输出语言变量的名称分别定义为 e,de 和 u。其中,e 表示液位偏差,de 表示偏差变化,u 表示阀门开启行为。模糊推理系统的基本属性设定如图 3.5.5 所示。

利用 FIS Editor 编辑器"Edit→Membership Functions"菜单,打开隶属度函数编辑器(Membership Functions Editor),将输入语言变量 e 的取值范围(Range)和显示范围(Display Range)均设置为[-1,1],语言值的隶属函数类型(Type)设置为高斯型函数(Gaussmf),其名称(Name)和参数(Params)([宽度 中心点])分别设置为

$$NB:[0.3 \quad -1]$$
$$ZE:[0.3 \quad 0]$$
$$PB:[0.3 \quad 1]$$

将输入语言变量 de 的取值范围和显示范围均设置为[-0.1,0.1],语言值的隶属函数类型设置为高斯型函数,其名称和参数([宽度 中心点])分别设置为

$$NB:[0.03 \quad -0.1]$$
$$ZE:[0.03 \quad 0]$$
$$PB:[0.03 \quad 0.1]$$

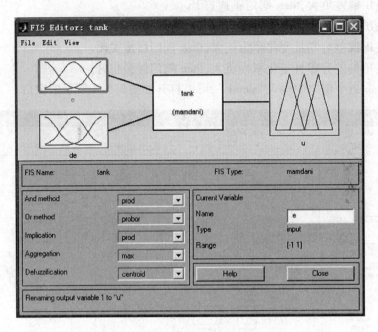

图 3.5.5 模糊推理系统基本属性设定

其中：

NB：偏差变化为负大。

ZE：偏差变化为零。

PB：偏差变化为正大。

注意：前面曾采用 O 表示语言值"零"，这里采用 ZE 表示，它是英文 Zero 的缩写。

输出语言变量 u 的取值范围和显示范围均设置为 $[-1,1]$，语言值的隶属函数类型设置为三角形隶属函数（trimf），其名称和参数（$[a\ b\ c]$）分别设置为

$$close\_fast:[-1\ -0.9\ -0.8]$$
$$close\_slow:[-0.6\ -0.5\ -0.4]$$
$$no\_change:[-0.1\ 0\ 0.1]$$
$$open\_slow:[0.2\ 0.3\ 0.4]$$
$$open\_fast:[0.8\ 0.9\ 1]$$

其中：

close_fast：迅速关闭阀门。

close_slow：缓慢关闭阀门。

no_change：阀门大小不变。

open_slow：缓慢打开阀门。

open_fast：迅速打开阀门。

输出语言变量 u 的语言值取值范围和隶属函数设置如图 3.5.6 所示。

利用编辑器的"Edit→Rules"菜单命令，打开模糊规则编辑器（Rules Editor），根据题给模糊规则进行设置，所有规则权重 weight 均取默认值 1，如图 3.5.7 所示。

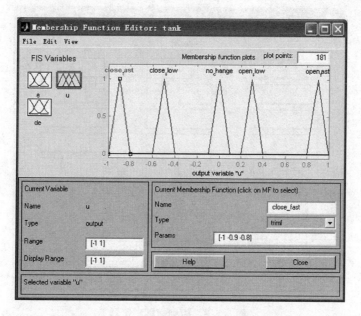

图 3.5.6 u 的语言值取值范围和隶属函数

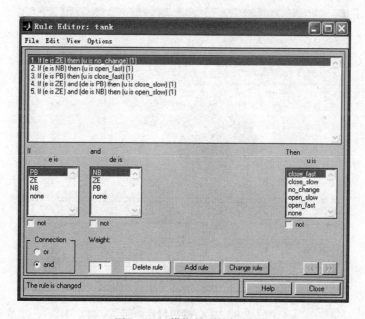

图 3.5.7 模糊规则编辑器

利用编辑器的"View→Rules"和"View→Surface"菜单命令,可得模糊推理系统的模糊规则和输入/输出特性曲面,分别如图 3.5.8 和图 3.5.9 所示。

利用编辑器的"File→Export to Workspace",将当前的模糊推理系统以名字 tank(系统自动将其扩展名为.fis)保存到 Matlab 工作空间的 tank.fis 模糊推理矩阵中。

在图 3.5.4 所示的 Simulink 仿真系统中,打开 Fuzzy Logic Controller 模糊逻辑控制器模块,在"FIS File or Structure"参数对话框中输入"tank",如图 3.5.10 所示。

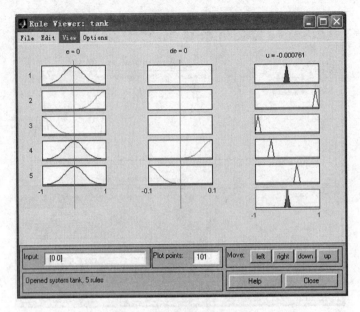

图 3.5.8 模糊规则浏览器

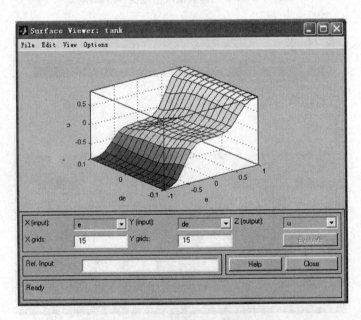

图 3.5.9 输入/输出特性曲面浏览器

图 3.5.10 模糊逻辑控制器对话框

对图 3.5.4 所示的 Simulink 系统,启动仿真,可以看到如图 3.5.11 所示的系统输出变化曲线,即水位变化曲线。

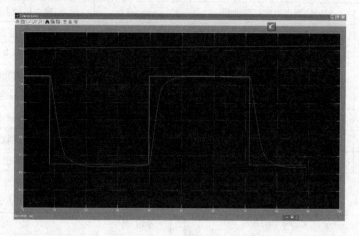

图 3.5.11 水位变化曲线

2. Matlab 模糊控制工具箱函数

利用 Matlab 工具箱对模糊控制系统仿真,除了上述模糊控制工具箱的图形用户界面方法以外,Matlab 还提供了模糊控制工具箱函数,如表 3.5.1 ~ 表 3.5.5 所列。这里仅给出常用的函数,感兴趣的读者可通过 Matlab 提供的帮助,以了解详细的信息。

表 3.5.1 模糊推理系统管理

函 数 名	功 能
newfis( )	创建新的模糊推理系统
readfis( )	从磁盘读出存储的模糊推理系统
getfis( )	获得模糊推理系统的特性数据
writefis( )	保存模糊推理系统
showfis( )	显式添加注释了的模糊推理系统
setfis( )	设置模糊推理系统的特性
plotfis( )	图形显示模糊推理系统的输入/输出特性
mam2sug( )	将 Mamdani 型模糊推理系统转换成 Sugeno 型模糊推理系统

表 3.5.2 添加或删除模糊语言变量

函 数 名	功 能
addvar( )	添加模糊语言变量
rmvar( )	删除模糊语言变量

表 3.5.3　语言值的隶属函数

表 3.5.3　语言值的隶属函数

函数名	功 能	函数名	功 能
plotmf( )	绘制隶属度函数曲线	trapmf( )	建立梯形隶属度函数
addmf( )	添加模糊语言变量的隶属度函数	trimf( )	建立三角形隶属度函数
rmmf( )	删除隶属度函数	zmf( )	建立 Z 形隶属度函数
gaussmf( )	建立高斯型隶属度函数	mf2mf( )	隶属度函数间的参数转换
gauss2mf( )	建立双边高斯型隶属度函数	psigmf( )	计算两个 Sigmiod 隶属度函数之积
gbellmf( )	建立一般的钟形隶属度函数	dsigmf( )	计算两个 Sigmiod 隶属度函数之和
pimf( )	建立 π 形隶属度函数	fuzarith( )	隶属度函数的计算
sigmf( )	建立 Sigmiod 型的隶属度函数	evalmf( )	计算隶属度函数的值

表 3.5.4　模糊规则建立和修改

函数名	功 能
addrule( )	向模糊推理系统添加模糊规则函数
parsrule( )	解析模糊规则函数
showrule( )	显示模糊规则函数

表 3.5.5　模糊推理与去模糊化

函数名	功 能
evalfis( )	执行模糊推理计算函数
defuzz( )	执行输出去模糊化函数
gensurf( )	生成模糊推理系统的输出曲面并显示函数

例 3.5.1　设某被控对象可等效为含有纯延迟的二阶环节,传递函数为

$$G(s) = \frac{20e^{-0.02s}}{1.6s^2 + 4.4s + 1}$$

且执行机构具有 0.07 的死区和 0.7 的饱和区,采样时间 $T = 0.01$,系统输入 $r(t) = 1.5$。试设计一个模糊控制器,使得系统输出尽快跟随系统输入;将模糊控制与 PID 控制的性能比较;将系统有纯延迟与无纯延迟时的性能比较。

在 PID 控制中,经过整定,得到参数取值分别为 $K_p = 5$, $K_d = 0.1$, $K_i = 0.001$。

在模糊控制中,模糊控制器的输入变量为偏差 e 和偏差变化 de,模糊控制器的输出为

$$u(t) = K_u \mathrm{Fuzzy}\left(K_d e, K_d \frac{\mathrm{d}e}{\mathrm{d}t}\right) - K_i \int e \mathrm{d}t$$

输入语言变量的取值范围分别为 $e \in [-6,6]$, $de \in [-6,6]$,输出语言变量的取值范围为 $u \in [-3,3]$,这些语言变量的语言值均为 NB、NS、O、PS 和 PB,其隶属函数在后面程序中定义。模糊规则如表 3.5.6 所列。

表 3.5.6　模糊规则

de ＼ u ＼ e	NB	NS	O	PS	PB
NB	PB	PB	PS	PS	O
NS	PB	PS	**PS**	**O**	O
O	PS	PS	O	O	NS
PS	PS	O	O	NS	NS
PB	O	O	NS	NS	NB

100

利用以下 Matlab 程序,可得如图 3.5.12 和图 3.5.13 所示的有/无纯延迟时,模糊控制与 PID 控制的阶跃响应曲线。

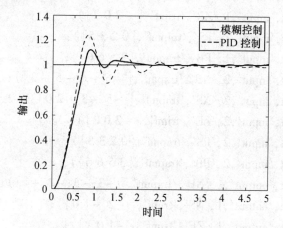

图 3.5.12　有纯延迟时模糊控制与 PID 控制

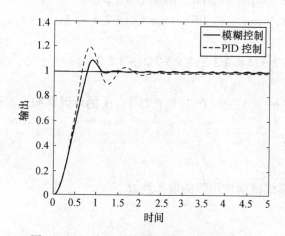

图 3.5.13　无纯延迟时模糊控制与 PID 控制

```
% 被控系统建模
num = 20;den = [1.6 4.4 1];[A,b,c,d] = tf2ss(num,den);
% 系统参数
T = 0.01;h = T;tao = 0;Nd = tao/T; %  tao = 0 时表示系统无纯延迟
Umin = 0.07;Umax = 0.7;N = 500;R = 1.0 * ones(1,N);
% -------------------------
% 模糊控制
% -------------------------
% 定义输入/输出变量及其隶属度函数
fisMat = newfis('ex1');
fisMat = addvar(fisMat,'input','e',[ -6,6]);
fisMat = addvar(fisMat,'input','de',[ -6,6]);
fisMat = addvar(fisMat,'output','u',[ -3,3]);
```

101

```matlab
fisMat = addmf(fisMat,'input',1,'NB','trapmf',[-6 -6 -5 -3]);
fisMat = addmf(fisMat,'input',1,'NS','trapmf',[-5 -3 -2 0]);
fisMat = addmf(fisMat,'input',1,'ZR','trimf',[-2 0 2]);
fisMat = addmf(fisMat,'input',1,'PS','trapmf',[0 2 3 5]);
fisMat = addmf(fisMat,'input',1,'PB','trapmf',[3 5 6 6]);
fisMat = addmf(fisMat,'input',2,'NB','trapmf',[-6 -6 -5 -3]);
fisMat = addmf(fisMat,'input',2,'NS','trapmf',[-5 -3 -2 0]);
fisMat = addmf(fisMat,'input',2,'ZE','trimf',[-2 0 2]);
fisMat = addmf(fisMat,'input',2,'PS','trapmf',[0 2 3 5]);
fisMat = addmf(fisMat,'input',2,'PB','trapmf',[3 5 6 6]);
fisMat = addmf(fisMat,'output',1,'NB','trapmf',[-3 -3 -2 -1]);
fisMat = addmf(fisMat,'output',1,'NS','trimf',[-2 -1 0]);
fisMat = addmf(fisMat,'output',1,'ZE','trimf',[-1 0 1]);
fisMat = addmf(fisMat,'output',1,'PS','trimf',[0 1 2]);
fisMat = addmf(fisMat,'output',1,'PB','trapmf',[1 2 3 3]);
% 模糊规则矩阵
rr = [5 5 4 4 3;5 4 4 3 3;4 4 3 3 2;4 3 3 2 2;3 3 2 2 1];
k = 1;
r1 = zeros(prod(size(rr)),3);% 产生1个25行(rr 的行列乘积)、3列的零矩阵
for i = 1:size(rr,1);
    for j = 1:size(rr,2)
        r1(k,:) = [i,j,rr(i,j)];
        k = k + 1;% 形成模糊规则阵的前3列值
    end
end
[r,s] = size(r1);
r2 = ones(r,2);
rulelist = [r1,r2];
fisMat = addrule(fisMat,rulelist);
% 模糊控制系统仿真
Ke = 60;Kd = 2.5;Ki = 0.01;Ku = 0.8;
x = [0;0];e = 0;de = 0;ie = 0;
for k = 1:N
e1 = Ke * e;de1 = Kd * de;
% 将模糊控制器的输入变量变换至论域
if e1 > = 6;
    e1 = 6;
end
if e1 < = -6
```

102

```
        e1 = -6;
    end
    if de1 > =6;
        de1 =6;
    end
    if de1 < = -6
        de1 = -6;
    end
    % 计算模糊控制器的输出
    in = [e1 de1];
    uu(1,k) = Ku * evalfis(in,fisMat) - Ki * ie;
    % 延迟环节
    if k < = Nd;
        u =0;
    else
        u = uu(1,k - Nd);
    end
    % 死区和饱和环节
    if abs(u) < = Umin;
        u =0;
    elseif abs(u) > Umax
        u = sign(u) * Umax;
    end
    % 利用四阶龙格——库塔法计算系统输出
    K1 = A * x + b * u;K2 = A * (x + h * K1/2) + b * u;
    K3 = A * (x + h * K2/2) + b * u;K4 = A * (x + h * K3) + b * u;
    x = x + (K1 + 2 * K2 + 2 * K3 + K4) * h/6;
    y = c * x + d * u;yy1(1,k) = y;
    % 计算偏差、偏差微分和偏差积分
    e1 = e;e = y - R(1,k);de = (e - e1)/T;ie = e * T + ie;
end
% ----------------------
% PID 控制
% ----------------------
Kp = 5;Kd = 0.001;Ki = 0.1;
x = [0;0];e = 0;de = 0;ie = 0;
for k = 1:N
    % 计算 PID 控制器的输出
    uu(1,k) = - (Kp * e + Ki * de + Kd * ie);
```

% 延迟环节
```
  if k < = Nd;u = 0;
  else u = uu(1,k - Nd);
  end
```
% 死区和饱和环节
```
if abs(u) < = Umin;u = 0;
elseif abs(u) > Umax;u = sign(u) * Umax;
end
```
% 利用四阶龙格——库塔法计算系统输出
```
K1 = A * x + b * u;K2 = A * (x + h * K1/2) + b * u;
K3 = A * (x + h * K2/2) + b * u;K4 = A * (x + h * K3) + b * u;
x = x + (K1 + 2 * K2 + 2 * K3 + K4) * h/6;
y = c * x + d * u;yy2(1,k) = y;
```
% 计算偏差、偏差微分和微分积分
```
e1 = e;e = y - R(1,k);de = (e - e1)/T;ie = e * T + ie;
end
```
% 绘制结果曲线
```
kk = [1:N] * T;
plot(kk,yy1,'k',kk,yy2,'--b',kk,R,'r');xlabel('时间');ylabel('输出')
legend('模糊控制','PID 控制')
```

第六节　模糊控制与 PID 控制的结合

众所周知,传统的 PID 控制器是过程控制中应用最广泛最基本的控制器,它具有结构简单、稳定性好、可靠性高等优点。PID 控制规律对相当多的工业控制对象,特别是对线性定常系统控制是非常有效的,其控制品质取决于 PID 控制器各参数的整定。

考虑到模糊控制系统实现的简单性和快速性,通常以偏差 e 和偏差变化 de 为输入的语言变量,因此它具有类似于常规的 PD 控制器特性。由经典控制理论可知,PD 控制器可以获得良好的系统动态特性,但无法消除系统的静态偏差。

为了改善模糊控制器的静态性能,研究人员提出了模糊 PID 控制的思想。目前,模糊 PID 控制的设计主要涉及两个方面的内容:

(1) 模糊控制和常规 PID 控制的混合结构,即模糊控制与 PID 控制混合,构成系统的控制器;

(2) 常规 PID 控制参数的模糊自整定,即利用模糊技术整定 PID 控制的参数。

一、模糊控制和 PID 控制的混合结构

1. 多模控制

要提高模糊控制器的精度和跟踪性能,就必须对输入的语言变量取更多的语言值,即

分档越细,性能越好。但是,带来的问题是模糊规则数和计算量的大大增加,从而使调试更加困难,控制系统的实时性难以满足要求。

解决上述矛盾的方法是:在输入变量的论域内,用不同的控制方式实现多模控制,当偏差大时,采用纯比例控制;当偏差小于某一阈值时,采用模糊控制;当偏差属于语言值“零”时,采用 PI 控制。也就是说,控制输出 u 可以表示为

$$u = \begin{cases} K_p e & |e| > e_0 \\ u_F & |e| \leqslant e_0 \cap e \notin O \\ K_p e + K_i \sum e & e \in O \end{cases} \tag{3.6.1}$$

式中:e_0 为偏差阈值;u_F 为模糊控制输出;K_p 为比例系数;K_i 为积分系数。

注意:

(1) 在多模控制结构中,各控制器分别独立设计,根据切换条件,由系统决定哪一个控制器的输出作为真正的控制值。

(2) 由于采用了不同类型的控制器,切换过程系统可能会产生震荡,因此切换条件的选择是多模控制的难点。

2. PID 控制的模糊分解

该方法将 PID 控制分解为模糊控制和其他类型控制的并联结构,以达到两种控制器性能的互补。一般说来,可以归结为如下 5 种类型。

1) 模糊控制与前馈控制的并联

如果被控对象的稳态增益可测,不妨记被控对象的稳态增益为 K_p。这时,采用的控制结构如图 3.6.1 所示。其中,前馈补偿控制用于消除稳态增益带来的偏差,反馈模糊控制实现 PD 的功能。控制输出可以表示为

$$u = u_F + x/K_p \tag{3.6.2}$$

式中:x 为闭环系统的期望输出。

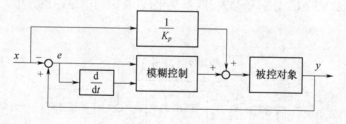

图 3.6.1 类型 I

2) 模糊控制与积分控制的并联

如果被控对象的稳态增益未知,采用的控制系统结构如图 3.6.2 所示,控制输出是两部分输出之和:一部分是积分项 $K_i \sum e$,用于消除静态偏差;另一部分是模糊控制,起到 PD 控制的作用。控制输出可以表示为

$$u = u_F + K_i \sum e \tag{3.6.3}$$

3) 模糊控制与含有模糊积分增益的积分控制并联

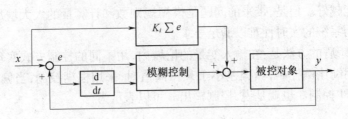

图 3.6.2　类型 II

在类型 II 中，积分增益 K_i 是确定的。如果采用模糊系统确定积分增益，就变成了如图 3.6.3 所示的类型 III 模糊 PID 控制器。控制输出可以表示为

$$u = u_F + K_i(e) \sum e \tag{3.6.4}$$

式中：$K_i(e)$ 是由模糊系统确定的积分增益。

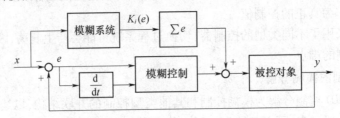

图 3.6.3　类型 III

4）模糊 PD 控制与模糊 PI 控制并联

模糊 PD 控制由传统的模糊控制器构成，模糊 PI 控制与模糊 PD 控制的相同之处在于，输入都是偏差和偏差变化；不同之处在于，模糊 PD 控制的输出是控制值，而模糊 PI 控制的输出是控制增量。模糊 PI 控制的模糊规则可以表示为如下形式

规则 r：如果 e 是 E^r，且 de 是 ΔE^r，则 du 是 ΔU^r，$r = 1, 2, \cdots, N$

其中，E^r，ΔE^r 和 ΔU^r 分别是偏差、偏差变化，以及控制增量的语言值。控制结构如图 3.6.4 所示。

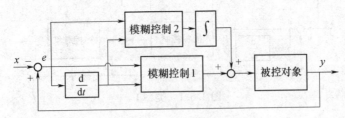

图 3.6.4　类型 IV

5）模糊 PI

这种控制与类型 IV 类似，所不同的是，模糊 PI 的输出即控制增量，仅由偏差决定。此时，模糊规则可以简化为

规则 r：如果 e 是 E^r，则 du 是 ΔU^r，$r = 1, 2, \cdots, N$

结构如图 3.6.5 所示。

例 3.6.1　考虑一个二阶动态系统，其传递函数为

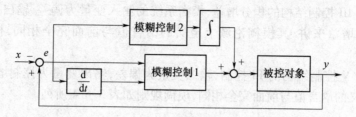

图 3.6.5　类型 V

$$G(s) = \frac{5}{s^2 + s + 1}$$

采用模糊 PID 控制,输入语言变量是偏差和(或)偏差变化,输出语言变量是控制输出值和(或)控制增量。需要注意:不同类型的控制结构采用的输入和输出变量是不同的,相应的语言值也是不同的。

输入和输出变量的模糊论域相同,均为{-5,-4,-3,-2,-1,0,1,2,3,4,5},在这些模糊论域上定义的语言值也相同,均为 PB、PM、PS、O、NS、NM 和 NB,其隶属函数如表3.6.1 所列。

表 3.6.1　语言值的隶属函数

语言值 ＼ 隶属度 元素	-5	-4	-3	-2	-1	0	1	2	3	4	5
PB	0	0	0	0	0	0	0	0.1	0.4	0.7	1
PM	0	0	0	0	0	0.1	0.4	0.7	1	0.7	0.4
PS	0	0	0	0.1	0.4	0.7	1	0.7	0.4	0.1	0
O	0	0	0.1	0.4	0.7	1	0.7	0.4	0.1	0	0
NS	0	0.1	0.4	0.7	1	0.7	0.4	0.1	0	0	0
NM	0.4	0.7	1	0.7	0.4	0.1	0	0	0	0	0
NB	1	0.7	0.4	0.1	0	0	0	0	0	0	0

PD 控制的规则如表3.6.2 所列。

表 3.6.2　PD 控制规则

de ＼ u ＼ e	NB	NM	NS	O	PS	PM	PB
NB	PB	PB	PB	PB	PM	PS	O
NM	PB	PB	PM	PS	PS	O	NS
NS	PB	PB	PM	PS	O	NS	NM
O	PM	PM	PS	O	NS	NM	NM
PS	PM	PS	O	NS	NM	NB	NB
PM	PS	O	NS	NM	NB	NB	NB
PB	O	NS	NM	NB	NB	NB	NB

对于类型 III 控制结构的积分增益,模糊系统的输入变量为偏差,输出变量为积分增益。对于积分增益来讲,其模糊论域上定义的语言值与前面完全相同,模糊规则如表3.6.3 所列。

对于类型 V 控制结构的 PI 控制,输入变量为偏差,输出变量为控制增量,其模糊论域、论域上定义的语言值与前面完全相同,模糊规则如表3.6.4 所列。

表3.6.3　模糊增益规则

e	NB	NM	NS	O	PS	PM	PB
K_i	PS	PM	PM	PB	PM	PM	PS

表3.6.4　PI 控制规则

e	NB	NM	NS	O	PS	PM	PB
du	PB	PM	PS	O	NS	NM	NB

采用控制结构 I ~ V,单位阶跃响应曲线如图 3.6.6 所示。相应的性能指标如上升时间(T_r)、超调量($\sigma\%$)、绝对偏差积分准则(IAE)、时间乘绝对偏差积分准则(ITAE)等如表 3.6.5 所列。

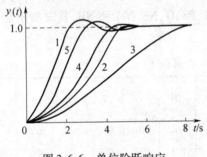

图 3.6.6　单位阶跃响应

表3.6.5　控制性能指标

	T_r	$\sigma/\%$	IAE	ITAE
I	2.09	0.9	26.54	32.59
II	4.36	0.4	40.29	48.61
III	7.25	0.1	58.21	82.37
IV	4.02	0.6	30.01	60.98
V	2.21	0.7	29.91	35.73

二、PID 控制参数的模糊整定

1. 背景

在工业控制中,由于 PID 结构简单,性能良好,因而广泛地应用于不同的控制过程,尤其是在过程的参数固定、非线性特性不很严重的情况,PID 控制更受工程技术人员的欢迎。

但是,对于参数变化大的被控对象,PID 控制难以收到良好的效果。这时,往往需要在对被控对象参数估计的基础上在线调整 PID 控制的参数,这种含有参数在线整定的 PID 控制称为自适应 PID 控制。

2. PID 控制参数的模糊整定方法

在线整定 PID 控制参数的方法很多,如采用模糊系统、采用神经网络学习等。本节采用模糊系统整定。在系统运行中,通过不断检测 e 和 de,利用模糊系统在线调整 3 个参数,以满足不同的 e 和 de 对控制参数的要求,从而使被控系统具有良好的动、静态性能。控制结构如图 3.6.7 所示。

1) K_p,K_i 和 K_d 对系统性能的影响

K_p 的作用是加快系统的响应速度,以消除偏差。K_p 越大,系统的响应速度越快,但越易产生超调,甚至导致系统不稳定;K_p 越小,系统的响应速度越慢,调节时间越长。

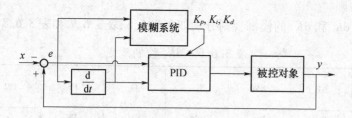

图 3.6.7　参数模糊整定的 PID 控制结构

K_i 的作用是消除系统的静态偏差。K_i 越大,系统的静态偏差消除越快,但 K_i 过大,在响应过程的初期会产生积分饱和现象,从而引起响应过程的较大超调;K_i 越小,系统的静态偏差越难以消除,从而影响系统的调节精度。

K_d 的作用是改善系统的动态特性,在响应过程中抑制偏差向任何方向的变化,对偏差变化提前预报。但 K_d 过大,会使响应过程提前制动,延长调节时间,降低系统的抗干扰性能。

2)模糊系统结构

输入变量为偏差 e 和偏差变化 de,输出变量为 3 个参数的变化量,分别记为 dK_p,dK_i 和 dK_d。因此,该模糊系统具有两个输入和 3 个输出。

3)语言值及其隶属函数

偏差 e 和偏差变化 de 的模糊论域相同,均为 $\{-3,-2,-1,0,1,2,3\}$,在模糊论域上定义的语言值也相同,均为 NB,NM,NS,O,PS,PM 和 PB,其隶属函数如图 3.6.8 所示。

dK_p,dK_i 和 dK_d 的模糊论域分别为 $\{-0.3,-0.25,-0.2,-0.15,-0.1,-0.05,0,0.05,0.1,0.15,0.2,0.25,0.3\}$、$\{-0.06,-0.04,-0.02,0,0.02,0.04,0.06\}$ 和 $\{-3,-2,-1,0,1,2,3\}$,在这些模糊论域上定义的语言值相同,均为 NB、NM、NS、O、PS、PM 和 PB,其隶属函数如图 3.6.9、图 3.6.10 和图 3.6.11 所示。

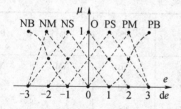

图 3.6.8　偏差和偏差变化语言值的隶属函数

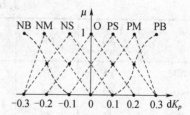

图 3.6.9　dK_p 语言值的隶属函数

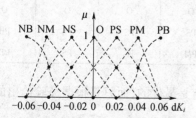

图 3.6.10　dK_i 语言值的隶属函数

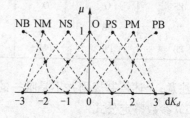

图 3.6.11　dK_d 语言值的隶属函数

109

4）模糊规则

整定 dK_p，dK_i 和 dK_d 的模糊规则分别如表3.6.6、表3.6.7和表3.6.8所列。

表 3.6.6　dK_p 控制规则

dK_p \ e / de	NB	NM	NS	O	PS	PM	PB
NB	PB	PB	PM	PM	PS	O	O
NM	PB	PB	PM	PS	PS	O	NS
NS	PM	PM	PM	PS	O	NS	NS
O	PM	PM	PS	O	NS	NM	NM
PS	PS	PS	O	NS	NS	NM	NM
PM	PS	O	NS	NM	NM	NM	NB
PB	O	O	NM	NM	NM	NB	NB

表 3.6.7　dK_i 控制规则

dK_i \ e / de	NB	NM	NS	O	PS	PM	PB
NB	NB	NB	NM	NM	NS	O	O
NM	NB	NB	NM	NS	NS	O	O
NS	NB	NM	NS	NS	O	PS	PS
O	NM	NM	NS	O	PS	PM	PM
PS	NM	NS	O	PS	PS	PM	PB
PM	O	O	PS	PS	PM	PB	PB
PB	O	O	PS	PM	PM	PB	PB

表 3.6.8　dK_d 控制规则

dK_d \ e / de	NB	NM	NS	O	PS	PM	PB
NB	PS	NS	NB	NB	NB	NM	NS
NM	PS	NS	NB	NM	NM	NS	O
NS	O	NS	NM	NM	NS	NS	O
O	O	NS	NS	NS	NS	NS	O
PS	O	O	O	O	O	O	O
PM	PB	PS	PS	PS	PS	PS	PB
PB	PB	PM	PM	PM	PS	PS	PB

注意：上述控制规则并不是唯一的，也并不一定是最优的，而只是根据经验给出的。

5）参数整定公式

在某一时刻，当偏差和偏差变化取某一组值时，可以通过模糊判决得到 dK_p、dK_i 和 dK_d 的模糊值，进而通过去模糊化方法得到其精确值，若记这些精确值为 dK_p、dK_i 和 dK_d，

那么参数整定公式可以表示为

$$K_p = K_{p0} + \mathrm{d}K_p$$
$$K_i = K_{i0} + \mathrm{d}K_i$$
$$K_d = K_{d0} + \mathrm{d}K_d \qquad (3.6.5)$$

式中：K_{p0}，K_{i0}和K_{d0}分别为三个参数的初始值，根据经验确定。

例 3.6.2 被控对象的传递函数为

$$G_p(s) = \frac{523500}{s^3 + 87.35s^2 + 10470s}$$

采样时间为 1ms，系统的期望输出为 $r(k) = \mathrm{sgn}(\sin(2\pi t))$。

采用上述方法整定参数，并采用图 3.6.7 的结构，在第 300 个采用时刻，在控制器的输出端加上 1.0 的干扰，系统的响应曲线如图 3.6.12 所示，控制输出如图 3.6.13 所示，控制参数的变化曲线分别如图 3.6.14、图 3.6.15 以及图 3.6.16 所示。

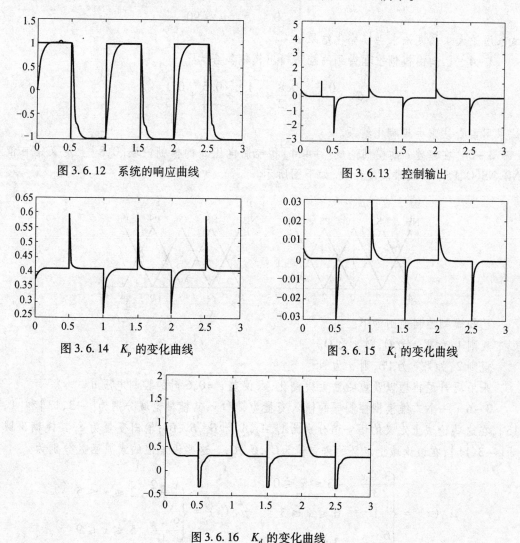

图 3.6.12 系统的响应曲线　　　　　　　图 3.6.13 控制输出

图 3.6.14 K_p 的变化曲线　　　　　　　图 3.6.15 K_i 的变化曲线

图 3.6.16 K_d 的变化曲线

3-1 模糊控制器由哪些部分组成？各部分的作用是什么？

3-2 模糊控制器的设计包括哪些内容？

3-3 已知由模糊推理得到的控制输出模糊集合为 A，其隶属函数为

$$\mu_{A}(u) = \begin{cases} 0 & u \leqslant 10 \\ \dfrac{u-10}{20} & 10 < u \leqslant 30 \\ 1 & 30 < u \leqslant 50 \\ \dfrac{90-u}{40} & 50 < u \leqslant 90 \\ 0 & u > 90 \end{cases}$$

试采用最大隶属度法求去模糊化结果。

3-4 已知由模糊推理得到的控制输出模糊集合为

$$C = \frac{0.3}{-1} + \frac{0.8}{-2} + \frac{1}{-3} + \frac{0.5}{-4} + \frac{0.1}{-5}$$

试采用重心法求去模糊化结果。

3-5 在偏差 e 的模糊论域 $[-4,4]$ 和控制电压 u 的模糊论域 $[0,8]$ 上定义语言值 NB、NS、O、PS、PB 的隶属度函数，如下图所示。

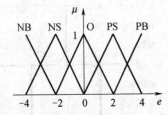
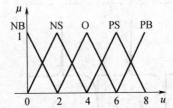

已知模糊控制规则如下。

规则 1：如果 e 为 O，则 u 为 O。

规则 2：如果 e 为 PS，则 u 为 NS。

采用玛丹尼推理以及重心法去模糊化，求偏差 $e = 0.6$ 时的控制电压 u。

3-6 一个二维模糊控制器的输入变量为 x 和 y，其模糊论域分别为 $[-3,13]$ 和 $[1,15]$，在这些论域上定义的语言值分别为 A_1, A_2, A_3 和 B_1, B_2, B_3；输出变量为 z，其模糊论域为 $[-3,11]$，在该论域上定义的语言值为 C_1, C_2, C_3。这些语言值的隶属函数分别为

$$\mu_{A_1}(x) = \begin{cases} \dfrac{3+x}{3} & -3 \leqslant x \leqslant 0 \\ 1 & 0 \leqslant x \leqslant 3 \\ \dfrac{6-x}{3} & 3 \leqslant x \leqslant 6 \end{cases}, \quad \mu_{A_2}(x) = \begin{cases} \dfrac{x-2}{3} & 2 \leqslant x \leqslant 5 \\ \dfrac{9-x}{4} & 5 \leqslant x \leqslant 9 \end{cases},$$

$$\mu_{\underset{\sim}{A_3}}(x) = \begin{cases} \dfrac{x-6}{4} & 6 \leqslant x \leqslant 10 \\ \dfrac{13-x}{3} & 0 \leqslant x \leqslant 13 \end{cases}, \quad \mu_{\underset{\sim}{B_1}}(y) = \begin{cases} \dfrac{y-1}{4} & 1 \leqslant y \leqslant 5 \\ \dfrac{7-y}{2} & 5 \leqslant y \leqslant 7 \end{cases},$$

$$\mu_{\underset{\sim}{B_2}}(y) = \begin{cases} \dfrac{y-5}{3} & 5 \leqslant y \leqslant 8 \\ \dfrac{12-y}{4} & 8 \leqslant y \leqslant 12 \end{cases}, \quad \mu_{\underset{\sim}{B_3}}(y) = \begin{cases} \dfrac{y-8}{4} & 8 \leqslant y \leqslant 12 \\ \dfrac{15-y}{3} & 12 \leqslant y \leqslant 15 \end{cases},$$

$$\mu_{\underset{\sim}{C_1}}(z) = \begin{cases} \dfrac{z+3}{2} & -3 \leqslant z \leqslant -1 \\ 1 & -1 \leqslant z \leqslant 1 \\ \dfrac{3-z}{2} & 1 \leqslant z \leqslant 3 \end{cases}, \quad \mu_{\underset{\sim}{C_2}}(z) = \begin{cases} \dfrac{z-1}{3} & 1 \leqslant z \leqslant 4 \\ \dfrac{7-z}{3} & 4 \leqslant z \leqslant 7 \end{cases},$$

$$\mu_{\underset{\sim}{C_3}}(z) = \begin{cases} \dfrac{z-5}{2} & 5 \leqslant z \leqslant 7 \\ 1 & 7 \leqslant z \leqslant 9 \\ \dfrac{11-z}{2} & 9 \leqslant z \leqslant 11 \end{cases}$$

模糊控制规则为

规则 1:如果 x 是 $\underset{\sim}{A_1}$,且 y 是 $\underset{\sim}{B_1}$,则 z 是 $\underset{\sim}{C_1}$。

规则 2:如果 x 是 $\underset{\sim}{A_2}$,且 y 是 $\underset{\sim}{B_2}$,则 z 是 $\underset{\sim}{C_2}$。

规则 3:如果 x 是 $\underset{\sim}{A_3}$,且 y 是 $\underset{\sim}{B_3}$,则 z 是 $\underset{\sim}{C_3}$。

已知 $x=3$,$y=6$,求:

(1)采用玛丹尼推理得到的控制输出模糊集合;

(2)画出上述模糊集合隶属函数的图形;

(3)采用重心法得到的去模糊化结果。

第四章　人工神经网络基础

模糊控制从人的经验出发,解决了智能控制中人类语言的描述和推理问题,尤其是一些不确定性语言的描述和推理问题,从而在机器模拟人脑的感知、推理等智能行为方面迈出了重大的一步。然而,模糊控制在处理数值数据、自学习能力等方面,还远没有达到人脑的境界。人工神经网络从人脑的生理学和心理学角度出发,通过模拟人脑的工作机理,实现机器的部分智能行为,是从微观结构和功能上对人脑进行抽象和简化,是模拟人类智能的一条重要途径。

本章介绍人工神经网络(以下简称神经网络)的基本知识,包括神经网络的发展过程、特性、研究内容、神经元模型、神经网络分类以及学习等。

第一节　神经网络的发展、特性与研究内容

一、神经网络发展简史

神经网络的研究从 20 世纪 40 年代开始,迄今已经有半个多世纪的历史,大致可以分为如下 3 个阶段。

1. 初创期(1943 年至 1969 年)

1943 年,美国神经心理学家麦克洛奇(W. McCulloch)和数学家匹兹(W. Pitts)提出了形式神经元的数学模型,称为 M-P 模型,开创了神经科学理论研究的时代。M-P 模型首次通过简单的数学模型,模仿出生物神经元活动的功能,揭示了通过神经元的相互连接和简单的数学计算,可以进行相当复杂的逻辑运算这一令人兴奋的事实。

1949 年,美国心理学家赫伯(D. O. Hebb)出版了《The Organization of Behavior: A Neuropsychological Theory(行为的组织:一种神经心理理论)》一书,提出了改变神经元连接强度的学习规则,即著名的 Hebb 规则,至今仍在各种神经网络模型的研究中起着重要的作用。

1957 年,美国计算机学家罗森布拉特(F. Rosenblatt)提出了感知器,并用电路实现,第一次把神经网络的研究付诸工程实践,掀起了神经网络研究的第一个高潮。据统计,当时有上百个实验室及研究机构研究了相应的电子装置,以进行声音、文字的识别和学习记忆等,但由于感知器的概念与当时占主导地位的符号主义方法不同,因而,既引起了人们的关注,又引起了很大的争议。

20 世纪 60 年代,冯·诺依曼型数字计算机正处于发展的全盛时期,人工智能在符号处理上也取得了显著的成就,这些成就的取得掩盖了发展新型模拟计算机和人工智能技术的必要性和迫切性,再加上神经网络自身的一些局限,一时使神经网络的研究陷入了困境。

美国麻省理工学院著名人工智能专家明斯基(M. Minsky)与帕伯特(S. Papert)从数学上仔细地分析了以感知器为代表的神经网络系统的功能及局限性之后,于 1969 年发表了对神经网络研究产生重要影响的《Perceptrons(感知器)》一书,指出:感知器仅能进行线性分类,不能解决线性不可分问题,并且给出一个简单的例子,即异或(XOR)问题,指出该问题是不能直接通过感知器解决的。明斯基在书中还指出,通过加入隐层节点有可能使问题得到解决,但他对加入隐层节点后能否给出一个有效的算法持悲观态度。明斯基的观点极大地影响了研究者对神经网络的研究兴趣,使众多的研究者转向研究当时发展较快的符号主义方法人工智能。

2. 过渡期(1970 年至 1986 年)

这期间,虽然神经网络的研究处于低潮,但这方面的研究并未中断。1972 年,芬兰教授科霍宁(T. Kohonen)提出了自组织映射理论,称为联想存储器,该模型是一种无导师学习网络。

1976 年,美国波斯顿大学教授格罗斯伯格(Grossberg)根据对生物学和心理学的研究,提出了著名的自适应共振理论模型(ART),指出了全部神经元中有一个节点特别兴奋,其周围的神经元将受到抑制。

1982 年,美国加利福尼亚州工学院物理学家霍普菲尔德(J. Hopfield)对神经网络的动态特性进行了研究,引入了能量函数的概念,给出了网络的稳定性判据,提出了用于联想记忆和优化计算的新途径,这项研究成果为神经网络的进一步研究注入了新的活力。

1984 年,他又提出了连续神经网络模型。其中,神经元动态方程可以用运算放大器实现,并且用电子线路实现了该网络的仿真,为神经网络的工程实现指明了方向。同时,他也进行了神经网络的应用研究,成功地解决了复杂度为 NP 的旅行商问题,引起了人们的震惊。次年,加利福尼亚州工学院和贝尔实验室合作制成了具有 256 个神经元的网络,它由 25000 个晶体管和 10 万个电阻集成在 1.613cm^2 的芯片上。

1984 年,从事并行分布处理研究的科学家 Hinton 等借助统计物理学的概念和方法,提出了一种随机神经网络模型——Boltzmann 机,其学习过程采用模拟退火技术,有效地克服了 Hopfield 网络存在的能量局部极小问题。

1986 年,儒默哈特(D. E. Rumelhart)等出版了《并行分布处理》一书,提出了多层前馈神经网络的反向传播学习算法,即后来著名的 BP 算法,证明了多层神经网络的功能并不像明斯基等人预料的那样弱,相反,它可以完成许多学习任务,解决许多实际问题。

经过许多科学家坚持不懈的努力和潜心研究,这期间神经网络的研究逐步从困境中走出来,并取得了突破性的重要成果,使神经网络的研究步入健康发展的新时期。

3. 发展期(1987 年至今)

1987 年 6 月,在美国圣地亚哥召开了第一届世界神经网络会议,并成立了国际神经网络联合会,标志着神经网络研究在世界范围内形成了高潮。

美国国防部高等研究工程局(DARPA)在 1987 年 8 月组织了大规模调研和论证,并于 1988 年 11 月开始一项投资数亿美元的发展神经网络及其应用研究的八年计划。此后,许多国家也制定了相应的神经网络发展计划。

1988 年,世界第一份神经网络期刊《Neural Networks(神经网络)》问世,为神经网络研究工作者提供了很好的信息交流和合作平台。

20 世纪 90 年代以后,神经网络的国际会议接连不断,许多重要研究成果纷纷发表。1993 年,《IEEE Transaction on Neural Networks(神经网络汇刊)》问世,许多期刊不断推出神经网络专辑,90 年代初期,形成了研究神经网络的热潮。

到现在为止,提出的神经网络模型有几百个,在基础理论、模型与算法,以及实现与应用等方面都有了长足的进展。

1989 年,在广州召开了全国第一届神经网络——信号处理会议。1990 年,在北京召开了第一届中国神经网络学术会议。1991 年,在南京召开了第二届中国神经网络学术会议,此后每年召开一次。

对于神经网络研究热潮的出现,虽然也有人存在疑虑。但是,最悲观的估计仍然认为这一领域的发展会带来重大的研究成果,最乐观的估计称之为连接主义,认为将建立起一种能解决知识表达、推理、学习、联想、记忆乃至复杂社会现象的统一模型,它将预示着一个新兴工业的诞生。不管这一估计是否正确,可以肯定的是,神经网络的研究及其应用不仅会推动科学本身的发展,而且将对新一代计算机的设计产生重大影响,有可能为新一代计算机和人工智能的研究开辟一条崭新的途径。

二、神经网络的特性

简单的神经元经过广泛并行互联,组成结构复杂、具有适应能力的神经网络,以模拟生物神经系统,实现认知、决策,以及控制的智能行为。神经网络具有如下突出的特性,使得其近年来引起人们的极大关注,并且在工程上得到广泛应用。

1. 并行处理

神经网络具有巨量信息并行处理和大规模并行计算能力,每个神经元对所接收的信息作相对独立的处理,但各个神经元之间可以并行、协同地工作,提高了运算和处理的效率。

2. 非线性映射

如果把神经网络的输入作为自变量,输出作为因变量,那么,神经网络反映了这些变量之间的映射关系,它是一个非线性映射。采用一定结构的神经网络,可以以任意精度逼近任意复杂的非线性函数。

神经网络的非线性映射能力,使得它在神经网络控制中常常用于辨识未知的被控对象,即作为被控对象的模型。一旦知道了被控对象的模型,就可以采用基于模型的方法设计控制器,从而实现期望的控制特性。

3. 分布式信息存储

在神经网络中,所有定量或者定性信息都分布存储于各个神经元上,通过大量神经元之间的连接方式和连接权值表征特定的信息。神经网络注重网络整体的存储形式和多个神经元的协同作用,其中的任何一个连接对整个网络功能的影响都很小。当个别神经元或者局部网络受损时,神经网络可以依靠现有的存储,实现对数据的联想记忆。

4. 学习和适应

神经网络模拟人类的形象思维方法,能够依据外界环境的变化,不断地修正自己的行为,这体现在神经网络中各神经元之间的连接权值可以通过学习不断地修正。因此,神经网络能够解决那些由数学模型或描述规则难以处理的控制过程问题。

三、神经网络研究的基本内容

1. 理论基础

尽管神经网络已经有许多模型和算法，也成功地解决了不少实际问题，但并未形成成熟的理论，有关理论基础的研究还在积极进行。大致来说，基础理论包括以下几个方面。

1）新的神经元模型

现有的神经元模型还仅仅是对人类脑细胞极为粗糙的数学模拟，需要结合神经生理学和脑科学的研究成果，构造功能更强大、效果更逼真的神经元模型。

2）新的神经元连接拓扑

人们对脑神经细胞的连接方式、信号传递方式，以及加工过程还知之甚少，需要结合神经生理学和脑科学的研究成果，构造更有效的神经元连接拓扑。

3）新的学习规则

人脑有十分强大的学习功能，现有的学习规则仅反映了它的一点皮毛，还需要提出更强有力的学习规则。

4）泛化理论

所谓泛化，是指神经网络举一反三的能力。通过对一定样本的学习以后，抓住同类样本的规律，能对样本以外的数据做出正确的处理。

一个好的泛化理论应该回答：某类神经网络能否学会处理某类问题？如果能够，随着样本个数的增加，泛化能力将怎样变化？评价泛化能力的合理指标是什么？怎样用该理论指导神经网络的设计？……

5）神经动力学

迭代网络的状态是时变的，它可以看作一个非线性动力学系统。因此，必须研究它的动力学，以区分稳定、周期、拟周期、混沌等不同类型。

6）与符号主义方法相结合的途径

例如，如何用神经网络进行逻辑推理？如何用神经网络从数据中提取产生式规则等。

2. 结构与算法

虽然神经网络现在已经有许多结构和算法，但种类仍然不够多，性能也不够好。以著名的 BP 算法为例，它只对小尺寸多层前馈神经网络有用，当神经元数量与人脑中的神经元数量相当（约 10^{10} 个）时，要在现行计算机上实现 BP 算法是不可能的，所以需要不断地研究新结构与新算法。

3. 应用

神经网络已经运用于众多领域，如图像处理与识别，语音信号处理与识别、数据存储与记忆，以及优化组合问题求解等。随着研究的不断深入，将会有更多的问题需要神经网络去解决。

4. 实现途径

神经网络既可以是某种理论模型，又可以是某种方式构成的硬件系统。然而，作为一种新型的信息处理系统，只有在硬件实现之后，才能最终体现它的特点和优势。因此，实现技术的研究是神经网络最重要的研究方向之一。在我国攀登计划中,有关神经网络实现技术研究的战略目标是,建造能够实现任何神经网络模型的通用硬件系统,即神经网络计算机。

对以应用神经网络解决实际问题为目的的人来说,比较现实的办法是,用现有的计算机仿真实现。例如,MATLAB 中已经有开发好的神经网络工具包,可以模拟实现尺寸不太大的感知器、RBF 和 Hopfield 等网络。

第二节　生物神经元

一、神经元结构

1. 结构

神经元是由细胞体、树突、轴突等组成,结构如图 4.2.1 所示。

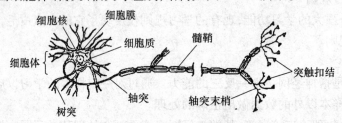

图 4.2.1　生物神经元的结构

1)细胞体

由细胞核、细胞质和细胞膜组成。细胞体的外面是一层细胞膜,膜内有一个细胞核和细胞质。

神经元的细胞膜具有选择通透性。因此,会使细胞膜的内外液的成分保持差异,使得细胞膜内外之间有一定的电位差,称为膜电位,其大小随细胞体输入信号强弱而变化。

2)树突

树突是由细胞体向外伸出的许多树枝状较短的突起,用于接受周围其他神经元传入的神经冲动。

3)轴突

由细胞体向外伸出的最长的一条神经纤维,称为轴突。远离细胞体一侧的轴突端部有许多分支,称为轴突末梢,或称为神经末梢,其上有许多扣结,称为突触扣结。轴突通过轴突末梢向其他神经元传出神经冲动。

4)突触

一个神经元的轴突末梢和另一个神经元的树突或细胞体之间,通过微小间隙相连接,这样的连接称为突触。

从信号传递过程来看,一个神经元的树突在突触处从其他神经元接受信号,这些信号可能是激励性的,也可能是抑制性的,相应地,突触有兴奋型和抑制型两种形式。

神经元之间通过突触复杂地结合着,从而形成了大脑的神经(网络)系统。

2. 膜电位与神经元兴奋

每个神经元用细胞膜和外部隔开,因此,细胞内部和外部都具有不同的电位。通常,内部的电位比外部低。

把外部电位为零时的内部电位称为膜电位;把没有输入信号时的膜电位称为静息膜电位。

输入信号一旦到达神经元,将影响膜电位的变化。当膜电位比静息膜电位高出一定的阈值时,该神经元的活性就被激发。此时,神经元内部的电位自发地急剧变高,其后,膜电位急剧下降返回原值,这个过程称为神经元兴奋。兴奋的结果是产生一定高度和宽度的电脉冲,这个脉冲通过轴突传给其他神经元。

电脉冲发出后,即使强大的输入信号也不能使该神经元兴奋,把这个期间称为"绝对不应期"。绝对不应期即使结束,暂时的一段时间内兴奋阈值比通常高,神经元也难以兴奋,把这段时间称为"相对不应期"。然后,变高的阈值慢慢地返回原值。

二、信息处理机制

实际上,神经元是多输入单输出信息处理单元,如图4.2.2所示。考虑从 n 个神经元接受输入信号的神经元,设输入信号分别为 $x_1, x_2, \cdots, x_n$,膜电位的变化为 u,兴奋阈值为 θ,输出信号为 y。

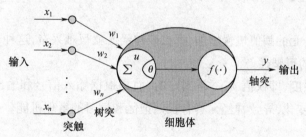

图4.2.2　神经元结构

在第 i 个轴突上,单位强度的信号输入时,把受到影响而变化的膜电位值用 w_i 表示。w_i 反映突触结合的效率,称为突触结合强度,或叫做连接权值。对于兴奋性神经元的突触,$w_i > 0$;对于抑制性神经元的突触,$w_i < 0$;当 $w_i = 0$ 时,可以理解为没有和第 i 个神经元连接。

神经元基于上述的动作特性,具有以下特征。

1. 时空整合功能

1)空间总和

神经元在同一时间可以接受多达上千个其他神经元突触的输入,这些输入的分布各不相同,对该神经元影响的权值也不相同。所以,神经元对于空间上来自四面八方的输入信息具有空间总和的功能。

显而易见,膜电位变化量 u 由多输入信号叠加作用决定。其中,第 i 个输入信号 x_i 作用的结果使膜电位变为 $w_i \cdot x_i$,因此整个膜电位变化量与输入信号的线性组合,即

$$\sum_{i=1}^{n} w_i \cdot x_i \tag{4.2.1}$$

119

相关。

2）时间总和

由于输入信号的影响会短时间地持续，和后到达的输入信号的影响同时起作用，即神经元对于不同时间通过同一突触的输入信号具有时间总和的功能。

3）时空整合

神经元对于输入信号具有空间总和与时间总和的特性，它每时每刻都对位于神经元不同部位的突触输入加工处理，从而决定输出的大小，这个过程称为时空整合。

2. 阈值特性

神经元的输入输出关系具有非线性特性，如图4.2.3所示，即

$$y(u) = \begin{cases} y_0 & u > \theta \\ 0 & u \leq \theta \end{cases} \qquad (4.2.2)$$

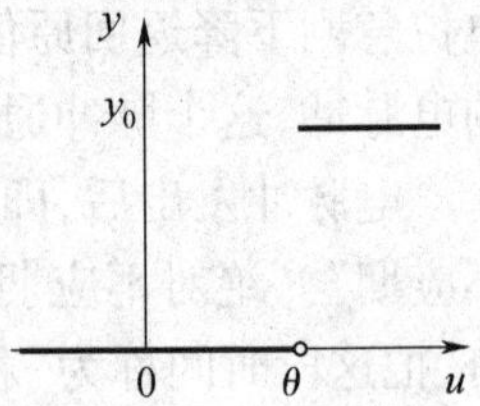

式中：θ 为阈值；y_0 为输出信号的强度。

图 4.2.3　阈值特性

3. 不应期

式（4.2.2）中的阈值 θ 不是一个常数，随着神经元的兴奋而变化。在绝对不应期，无论多么强的输入信号到达，神经元也不会输出任何信号，此时，θ 值可以认为是无穷大。在相对不应期，θ 值是不断减小的，直至到达某一设定的恒值。

4. 疲劳

如果一个神经元的阈值慢慢增加，那么该神经元就很难兴奋，这种现象叫作疲劳。

5. 突触结合的可塑性

突触结合的强度，即权值 w_i 不是固定的，而是根据输入信号和输出信号可塑性地变化，正是由于这个变化，导致神经元具有长期记忆和学习的生理机能。

第三节　人工神经元

一、结构与数学表示

人工神经元是生物神经元的抽象和模拟，它模拟生物神经元的结构和功能，并从数学角度抽象出来的一个基本单元，是人工神经网络的最基本组成部分。1943年，麦克洛奇和匹兹提出了 M-P 神经元模型，是一个多输入单输出非线性环节，结构如图4.3.1所示。

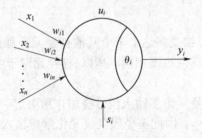

图 4.3.1　人工神经元结构

图中：u_i 为第 i 个神经元的内部状态；θ_i 为第 i 个神经元的阈值；x_j 为来自第 j 个神经元的输入信号，$j=1,\cdots,n$；w_{ij} 为从第 j 个神经元到第 i 个神经元的连接权值；s_i 为第 i 个神经元的外部输入信号；y_i 为第 i 个神经元的输出。

上述模型可以表示为

$$\text{Net}_i = \sum_{j=1}^{n} w_{ij}x_j + s_i - \theta_i \qquad (4.3.1)$$

$$u_i = f(\text{Net}_i) \qquad (4.3.2)$$

$$y_i = g(u_i) = h(\text{Net}_i) \qquad (4.3.3)$$

式中：Net_i 为第 i 个神经元的净输入；$f(\cdot)$ 为第 i 个神经元的激活函数，或称激励函数。在 M-P 神经元模型中，激活函数为阈值型；$g(\cdot)$ 为第 i 个神经元的输出函数，通常 $g(\cdot)$ 为单位映射，即 $g(u_i)=u_i$，那么 $y_i=f(\text{Net}_i)$。

注意：人工神经元是一个多输入单输出非线性系统，共有 n 个输入 $x_1,x_2,\cdots,x_n$，唯一的输出是 y_i，非线性体现在 $f(\cdot)$。

二、激活函数

常用的激活函数有如下 4 种，分别是阈值型、分段线性型、Sigmoid 函数型、Tan 函数型，其表达式如下。

（1）阈值型：

$$f(\text{Net}_i) = \begin{cases} 1 & \text{Net}_i > 0 \\ 0 & \text{Net}_i \leqslant 0 \end{cases} \qquad (4.3.4)$$

（2）分段线性型：

$$f(\text{Net}_i) = \begin{cases} 0 & \text{Net}_i \leqslant \text{Net}_{i0} \\ k \cdot \text{Net}_i & \text{Net}_{i0} < \text{Net}_i < \text{Net}_{i1} \\ f_0 & \text{Net}_i \geqslant \text{Net}_{i1} \end{cases} \qquad (4.3.5)$$

式中：k 表示线段的斜率。

（3）Sigmoid 函数型：

$$f(\text{Net}_i) = \frac{1}{1+e^{-\frac{\text{Net}_i}{T}}} \qquad (4.3.6)$$

（4）Tan 函数型：

$$f(\text{Net}_i) = \frac{e^{\frac{\text{Net}_i}{T}} - e^{-\frac{\text{Net}_i}{T}}}{e^{\frac{\text{Net}_i}{T}} + e^{-\frac{\text{Net}_i}{T}}} \qquad (4.3.7)$$

式中，T 为比例因子，调整函数的上升坡度。T 越大，f 上升越慢；T 越小，f 上升越快，很快饱和。

这些激活函数的图形如图 4.3.2 所示。

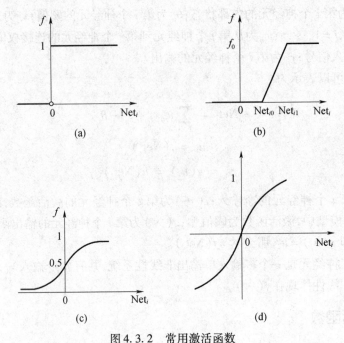

图 4.3.2　常用激活函数

（a）阈值型；（b）分段线性型；（c）Sigmoid 函数型；（d）Tan 函数型。

第四节　神经网络分类

一、根据组织和抽象层次分类

根据对生物神经网络的不同组织和抽象层次的模拟,神经网络可以分为如下 4 类。

1. 神经元模型

神经元模型主要研究单一神经元的非线性映射、动态,以及自适应等特性,探索神经元对输入信息的处理和存储能力。

2. 组合式模型

组合式模型由多个相互补充、相互协作的神经元组成,用于完成某些特定的任务。

3. 网络模型

网络模型由很多具有相同特性的神经元相互连接而成的网络,着重研究神经网络的整体性能。

4. 神经系统模型

神经系统模型由多个不同性质的神经网络构成,以模拟生物神经系统更复杂、更抽象的特性。

二、根据连接方式和信息流向分类

根据连接方式和信息流向的不同,神经网络可以分为如下 4 类,如图 4.4.1 所示。

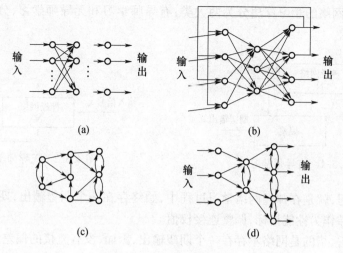

图 4.4.1　神经网络结构

1. 前向网络

前向网络的神经元分层排列,组成输入层、隐含层(可以有若干隐含层)和输出层;每一层神经元只接受前一层神经元的输入,输入模式经过各层神经元的顺次变换后,在输出层输出;各神经元之间不存在反馈,如图 4.4.1(a)所示。感知器网络就属于这种类型。

2. 反馈网络

反馈网络只从输出层到输入层存在反馈,即每一个输入节点都有可能接受来自外部的输入和来自输出神经元的反馈,如图 4.4.1(b)所示。该网络可用来存储某种模式序列。Elmann 网络即属于此类。

3. 相互结合型网络

相互结合网络具有网状结构,任意两个神经元之间都可能有连接,如图 4.4.1(c)所示。Hopfield 或 Boltzmann 机网络就属于该类。

在前向网络中,信号一旦通过某个神经元,过程就结束了;而在相互结合型网络中,信号要在神经元之间反复往返传递,网络处于动态变化之中。从网络的某一初态开始,经过若干次变化才会到达相应的平衡状态。

4. 混合型网络

混合型网络是层次结构网络和网状结构网络的一种结合,如图 4.4.1(d)所示,通过层内神经元的相互连接,可以实现同一层内神经元之间的横向抑制或兴奋机制,这样可以限制每层内能同时动作的神经元数,或者把每层内的神经元分为若干组,让每组作为一个整体参与动作。

第五节　神经网络学习

学习的过程实质上是针对一组给定的输入样本 $x_p(p=1,2,\cdots,P)$,P 为样本个数,根据一定的算法,改变神经元之间的连接权值,使神经网络的输出接近或等于期望的输出。

总体上讲,神经网络的学习算法分为两大类:有导师学习和无导师学习,分别如图 4.5.1 和图 4.5.2 所示。

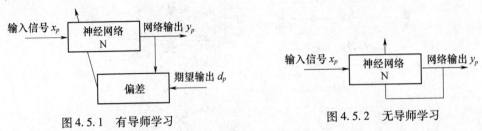

图 4.5.1　有导师学习　　　　　　　　　　图 4.5.2　无导师学习

有导师学习,就是在神经网络学习过程中,始终存在一个期望输出,期望输出和实际输出之间的偏差作为性能指标,调整连接权值。

无导师学习,指的是网络不存在一个期望输出,因而,没有直接的偏差信息。此时,为了实现神经网络学习,需要建立一个间接的评价函数,以便对网络的某种行为趋向作出评价。

根据权值改变方式的不同,学习规则又可分为相关学习、纠错学习、无导师学习等 3 类:

(1) 相关学习根据神经元间的激活水平改变连接权值,它常用于自联想网络,执行特殊记忆状态的死记式学习,最常见的相关学习算法是 Hebb 规则;

(2) 纠错学习根据输出节点的外部反馈改变连接权值,它常用于感知器网络,学习的方法是梯度下降法;

(3) 无导师学习表现为自动实现输入空间的检测和分类,它常用于 ART 和自组织映射网络。在这类学习规则中,关键不在于实际节点的输出怎样与外部的期望输出相一致,而在于调整参数,以反映所观察事件的分布。

习题与思考题

4-1 神经网络经历了哪几个发展阶段?

4-2 在神经网络的发展过程中,有哪些有突出贡献的人物? 他们的代表性成果是什么?

4-3 神经网络具有哪些特性?

4-4 如何理解神经元是一个多输入单输出非线性系统?

4-5 神经网络按连接方式分有哪几种?

4-6 神经网络有哪几种学习方式? 思想是什么?

第五章 典型人工神经网络

人工神经网络是对人脑或自然神经网络若干基本特性的抽象和模拟,以大脑的生理研究成果为基础,一般由简单的神经网络分层次组织成大规模的网络。自 1943 年美国心理学家麦克洛奇和数学家匹兹从人脑信息处理观点出发,首次提出人工神经元模型以来,迄今已提出了很多网络模型及其学习方法。神经网络作为多学科交叉融合的研究技术,越来越受到人们的重视,并广泛应用于信息处理、模式识别、智能控制和故障诊断等领域。

本章将从神经网络结构、数学模型、学习算法、网络功能等方面介绍几种典型的人工神经网络,包括感知器、径向基函数神经网络、Hopfield 神经网络等,为其在工程领域中的应用奠定基础。

第一节 感 知 器

一、单神经元感知器

1. 结构

单神经元感知器是罗森布拉特于 1957 年提出的,如图 5.1.1 所示,只有一个神经元,是最简单的网络模型,也是最基本的网络模型,其输入为 n 维向量 $x = (x_1, x_2, \cdots, x_n)^{\mathrm{T}}$。

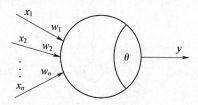

图 5.1.1 单神经元感知器

2. 数学描述

将各输入分量加权求和,并减去一个偏置(或称阈值)θ,得到神经元的净输入为

$$\mathrm{Net} = \sum_{i=1}^{n} w_i x_i - \theta \tag{5.1.1}$$

罗森布拉特的原始模型中采用阈值函数作为激活函数,从而神经元的输出为

$$y(\mathrm{Net}) = \begin{cases} 1 & \mathrm{Net} > 0 \\ 0 & \mathrm{Net} \leqslant 0 \end{cases} \tag{5.1.2}$$

为了简化符号,将偏置 θ 也看成权值,并令 $\theta = -w_0$,相应地添加一个输入分量 x_0,并

恒设 $x_0 = 1$，于是，$x = (x_0, x_1, \cdots, x_n)^T$，$w = (w_0, w_1, \cdots, w_n)^T$，那么感知器可以写成如下向量形式

$$\text{Net} = w^T x,$$

$$y(\text{Net}) = \begin{cases} 1 & \text{Net} > 0 \\ 0 & \text{Net} \leqslant 0 \end{cases} \qquad (5.1.3)$$

3. 功能

可以从两个角度看待上述感知器：一是把它看作模式识别器；二是把它看作逻辑函数。现在分别阐述如下。

1) 实现模式识别

对于单神经元感知器，其输入向量为 $x = (x_1, x_2, \cdots, x_n)^T$，$n$ 个输入分量在几何上构成一个 n 维空间，那么不同的输入样本即为该空间上不同的点。

将该空间上不同的点 x 代入式(5.1.1)中，若存在一些样本使该式大于零，由式(5.1.2)，可认为这些样本的属性值为"1"；另一些样本使其小于零，那么，同样由式(5.1.2)可知，其属性值为"0"。也就是说，一个单神经元感知器可以解决上述具有"0"和"1"属性的两类模式的识别问题。此时，方程 $\sum_{i=1}^{n} w_i x_i - \theta = 0$ 定义了一个 n 维空间上的超平面，该方程为线性方程。如果两类样本可以用该超平面分开，称其为线性可分的，否则称为线性不可分的。

因此，凡是具有线性边界的两类模式的识别问题均可以用单神经元感知器解决，而那些具有非线性边界的模式识别问题则必须用其他神经网络结构解决。

2) 实现逻辑函数

可以将单神经元感知器看作一个二值逻辑元，它能实现布尔代数的某些基本运算，如"与"、"或"和"非"等，如图 5.1.2 所示。

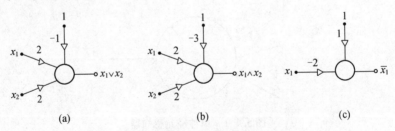

(a)   (b)   (c)

图 5.1.2 感知器实现逻辑运算

"与"、"或"真值表如表 5.1.1 所列。由图 5.1.2(a)并根据式(5.1.1)，有

$$\text{Net} = 2x_1 + 2x_2 - 1$$

当 $x_1 = x_2 = 0$ 时，$\text{Net} = -1 < 0$，根据式(5.1.2)，可得

$$y(\text{Net}) = 0$$

当 x_1, x_2 中有一个为"1"时，都有 $\text{Net} > 0$，此时 $y(\text{Net}) = 1$。

显然，图 5.1.1(a)的网络结构实现了表 5.1.1 中的"或"运算。同理，可分析其余两图，分别实现了"与"和"非"运算。

表 5.1.1 "与"、"或"真值表

输入模式	输出真值		输入模式	输出真值	
	与	或		与	或
(0,0)	0	0	(1,0)	0	1
(0,1)	0	1	(1,1)	1	1

但是,单神经元感知器并不能实现布尔代数的全部运算,例如不能实现"异或"运算。

"异或"是一种基本的逻辑运算,其真值表如表 5.1.2 所列,相应的图示如图 5.1.3 所示,相当于正方形 4 个顶点被分成两类,其中每两个相对顶点为一类。

表 5.1.2 "异或"真值表

输入模式	输出真值
(0,0)	0
(0,1)	1
(1,0)	1
(1,1)	0

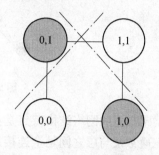

图 5.1.3 "异或"问题示意图

设单神经元感知器的输入向量为 $(1,x_1,x_2)^T$,权向量为 $(\theta,w_1,w_2)^T$,感知器形成的划分直线为 $w_1x_1 + w_2x_2 + \theta = 0$。显然,无论该直线处于什么位置,都不能把上述两类顶点分开。因此,感知器不能实现"异或"运算。

罗森布拉特感知器模型不能解决"异或"问题,这一事实曾在神经网络发展历史上产生了重大影响。

二、多层感知器

1. 网络结构

单神经元感知器的功能非常有限,只能实现线性决策边界和简单的布尔函数。但是,如果一个网络由若干层非线性神经元组成,且每个神经元都是一个感知器,每层包含多个感知器,相邻层的神经元用权连接起来,那么就构成了一个多层感知器,它可以实现复杂的决策界面和任意的布尔函数。

在罗森布拉特所给的感知器模型中,采用的是阈值型激活函数。经过长期的发展,现在构建网络时,更常用的神经元激活函数是 Sigmoid 函数

$$y(\text{Net}) = \frac{1}{1 + e^{-\beta \cdot \text{Net}}} \tag{5.1.4}$$

式中,参数 $\beta > 0$,用于控制函数变化的陡峭程度。当 $\beta \to 0$ 时,式(5.1.4)趋近于常数 0.5;当 $\beta \to \infty$ 时,式(5.1.4)就退化成式(5.1.2)的逻辑函数。为简单起见,常取 $\beta = 1$。

Sigmoid 函数的特点之一是可微,正是这一特点使得权值的梯度学习算法成为可能。

Sigmoid 函数之所以被广泛使用,不仅因为它可微,还由于它具有单调连续、取值在 0

到1之间等优良性质。

Sigmoid 函数特别适合于模式识别,因为 0 到 1 之间的输出可以解释为输入量属于某类模式的概率。因此,在多层感知器中,激活函数一般采用 Sigmoid 函数,而不是阈值函数。

在网络中,每个神经元又称一个节点,输入向量进入第一层的各神经元,第一层的各神经元的输出又被送到第二层各神经元,以此类推,直到网络的输出。网络结构如图 5.1.4所示。

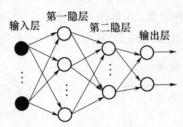

图 5.1.4　多层感知器结构

多层感知器的网络结构特点是:

(1) 通常层与层之间是全连接的,即第 l 层的任意一个节点与第 $l+1$ 层的任意一个节点均前馈相连,因此,多层感知器又称多层前馈网络;

(2) 输入层有 n 个输入,但没有函数处理功能;

(3) 在输入层和输出层之间还有一(些)层,叫作隐层或称隐含层。

在图 5.1.4 中,网络既可以叫作三层网,也可以叫作两隐层网。

在应用中,网络输入层和输出层的神经元个数通常由待解决的问题决定。

2. 学习算法

多层感知器网络的训练通常采用偏差反向传播(Back Propagation,BP)算法,简称 BP 算法,因此,也常把多层感知器网络直接称为 BP 网络。

BP 算法的基本思想:学习过程由信号的正向传输和偏差的反向传播组成。在正向传输过程中,输入样本由输入层经各隐含层作用后,传向输出层。若输出层输出与期望输出的偏差较大,则进行偏差的反向传播过程。该过程是将输出偏差以某种方式,通过输出层、隐含层传播至输入层,并将偏差分摊给各层的神经元上,以获得各层神经元的偏差信号,并根据该信号调整神经元间的连接权值。两个过程交替重复进行,直至偏差满足要求。

1) 信号的正向传输

为叙述方便,引入以下记号:$u_{l,j}$ 为第 l 层第 j 个节点的输出;$w_{l,j,i}$ 为第 $l-1$ 层第 i 个节点与第 l 层第 j 个节点的连接权值;x_p 为第 p 个训练输入样本或模式;$u_{0,i}$ 为输入向量的第 i 个分量;$d_j(x_p)$ 为第 j 个输出节点关于样本 x_p 的期望输出;N_l 为第 l 层的神经元数;L 为网络层数(不含输入层),对于三层前馈网络,$L=2$;P 为训练样本对的个数。

此外,再做两条约定,第一条是输入层记作第 0 层,即 $u_{0,j}=x_j$;第二条是任一层中,$u_{l,0}=1$,相应的权值 $w_{l,j,0}=-\theta$。

从理论上讲,多层感知器神经元的激活函数并非必须采用 Sigmoid 函数,但为了计算

128

方便,人们通常还是采用 Sigmoid 函数,表达式为

$$f(\text{Net}) = \frac{1}{1 + e^{-\text{Net}}} \qquad (5.1.5)$$

其导数为

$$f'(\text{Net}) = \frac{\mathrm{d}f(\text{Net})}{\mathrm{d}\text{Net}} = f(\text{Net})(1 - f(\text{Net})) \qquad (5.1.6)$$

BP 网络第 l 层第 j 个节点的输入为

$$\text{Net}_{l,j} = \sum_{i=0}^{N_{l-1}} w_{l,j,i} u_{l-1,i} \qquad l = 1, 2, \cdots, L \qquad (5.1.7)$$

输出 $u_{l,j}$ 为

$$u_{l,j} = f\Big[\sum_{i=0}^{N_{l-1}} w_{l,j,i} u_{l-1,i}\Big] \qquad (5.1.8)$$

2）偏差的反向传播

先介绍 BP 学习算法的权值调整思想。当网络输出与期望输出不等时,存在输出偏差 E,定义为

$$E = \sum_{p=1}^{P} E_p \qquad (5.1.9)$$

其中, $E_p = \dfrac{1}{2} \sum\limits_{q=1}^{N_L} (u_{L,q}(x_p) - d_q(x_p))^2$。

对于一个三层网络,将上述偏差定义展开至隐层,有

$$E_p = \frac{1}{2} \sum_{j=1}^{N_2} \big(f\big[\sum_{i=0}^{N_1} w_{2,j,i} u_{1,i}\big] - d_j(x_p)\big)^2 \qquad (5.1.10)$$

进一步将上式展开至输入层,有

$$E_p = \frac{1}{2} \sum_{j=1}^{N_2} \big(f\big[\sum_{i=0}^{N_1} w_{2,j,i} \cdot f\big[\sum_{k=0}^{N_0} w_{1,i,k} x_k\big]\big] - d_j(x_p)\big)^2 \qquad (5.1.11)$$

由式(5.1.11)可以看出,网络输出偏差是各层权值的函数。因此,通过调整权值可以改变偏差。不难理解,权值调整的原则应是使得偏差不断减小,即应使得权值的调整量与偏差的梯度下降成正比。这里,我们对各层连接权值仍采用统一的符号,即 $w_{l,j,i}$,那么根据上述分析,权值的调整方法为

$$\Delta w_{l,j,i} = -\eta \frac{\partial E}{\partial w_{l,j,i}} \qquad (5.1.12)$$

式中: η 是一个较小的正常数,称为学习率。

那么,调整后的权值为

$$w_{l,j,i}(k+1) = w_{l,j,i}(k) + \Delta w_{l,j,i}(k)$$

下面,详细给出式(5.1.12)的计算方法。

由式(5.1.9)可得

$$\frac{\partial E}{\partial w_{l,j,i}} = \sum_{p=1}^{P} \frac{\partial E_p}{\partial w_{l,j,i}} \qquad (5.1.13)$$

由链式求导规则,可得

$$\frac{\partial E_p}{\partial w_{l,j,i}} = \frac{\partial E_p}{\partial u_{l,j}} \cdot \frac{\partial u_{l,j}}{\partial w_{l,j,i}} \qquad (5.1.14)$$

考虑右端第二项,由式(5.1.8),可得

$$\frac{\partial u_{l,j}}{\partial w_{l,j,i}} = \frac{\partial}{\partial w_{l,j,i}} f\left(\sum_{k=0}^{N_{l-1}} w_{l,j,k} u_{l-1,k}\right)$$

$$= f'\left(\sum_{k=0}^{N_{l-1}} w_{l,j,k} u_{l-1,k}\right) u_{l-1,i} = f'(u_{l,j}) u_{l-1,i} \qquad (5.1.15)$$

将式(5.1.6)代入式(5.1.15),可得

$$\frac{\partial u_{l,j}}{\partial w_{l,j,i}} = u_{l,j}(1 - u_{l,j}) u_{l-1,i} \qquad (5.1.16)$$

下面考虑 $\frac{\partial E_p}{\partial u_{l,j}}$ 项。为便于说明,定义 $\delta_{p,l,j} = -\frac{\partial E_p}{\partial u_{l,j}}$,并称之为广义偏差。计算该项的过程恰恰体现了偏差的反向传播。

首先,根据 $E_p = \frac{1}{2} \sum_{q=1}^{N_L} (u_{L,q}(x_p) - d_q(x_p))^2$,可以直接获得输出层的广义偏差

$$\delta_{p,L,q} = -\frac{\partial E_p}{\partial u_{L,q}} = d_q(x_p) - u_{L,q}(x_p) \qquad (5.1.17)$$

然后,考虑第 l 个隐含层,有

$$\delta_{p,l,j} = -\frac{\partial E_p}{\partial u_{l,j}} = -\sum_{m=1}^{N_{l+1}} \frac{\partial E_p}{\partial u_{l+1,m}} \cdot \frac{\partial u_{l+1,m}}{\partial u_{l,j}}$$

$$= -\sum_{m=1}^{N_{l+1}} \frac{\partial E_p}{\partial u_{l+1,m}} \cdot \frac{\partial}{\partial u_{l,j}}\left(f\left(\sum_{k=0}^{N_l} w_{l+1,m,k} u_{l,k}\right)\right)$$

$$= -\sum_{m=1}^{N_{l+1}} \frac{\partial E_p}{\partial u_{l+1,m}} \cdot f'\left(\sum_{k=0}^{N_l} w_{l+1,m,k} u_{l,k}\right) \cdot \frac{\partial}{\partial u_{1,j}}\left(\sum_{k=0}^{N_l} w_{l+1,m,k} u_{l,k}\right)$$

$$= \sum_{m=1}^{N_{l+1}} \delta_{p,l+1,m} \cdot u_{l+1,m}(1 - u_{l+1,m}) \cdot w_{l+1,m,j} \qquad (5.1.18)$$

由式(5.1.18)可知,为了求第 l 层广义偏差 $\delta_{p,l,j}$,需要先求取第 $l+1$ 层的广义偏差 $\delta_{p,l+1,m}$,层层递推,直至输出层,故这种算法称为偏差反向传播算法。而由式(5.1.17)可直接求得输出层的广义偏差,进而可以求出各隐含层的广义偏差。

现以三层前馈神经网络为例,可得输出层的广义偏差为

$$\delta_{p,2,q} = -\frac{\partial E_p}{\partial u_{2,q}} = d_q(x_p) - u_{2,q}(x_p)$$

进而隐含层的广义偏差为

$$\delta_{p,1,j} = \sum_{q=1}^{N_2} (d_q(x_p) - u_{2,q}(x_p)) \cdot u_{2,q}(1 - u_{2,q}) \cdot w_{2,q,j}$$

根据上述分析,权值调整的计算方法总结如下:

第 $L-1$ 个隐含层至输出层权值调整方法为

$$\Delta w_{L,q,j} = \sum_{p=1}^{P} \eta \delta_{p,L,q} u_{L,q} (1 - u_{L,q}) u_{L-1,j} \quad j = 0,1,2,\cdots,N_{L-1};$$
$$q = 1,2,\cdots N_L \tag{5.1.19}$$

第 l 个隐含层至第 $l+1$ 个隐含层的权值调整方法为

$$\Delta w_{l,j,i} = \sum_{p=1}^{P} \eta \delta_{p,l,j} u_{l,j} (1 - u_{l,j}) u_{l-1,i} l = 1,2,\cdots,L-1 \tag{5.1.20}$$

综上所述,对于一般的前馈网络,当激活函数为 Sigmoid 类型时,基于 BP 算法的权值调整方法为

$$w_{l,j,i}(k+1) = w_{l,j,i}(k) + \eta \sum_{p=1}^{P} \delta_{p,l,j} \cdot u_{l,j} (1 - u_{l,j}) u_{l-1,i} \tag{5.1.21}$$

注意:

(1) 式(5.1.19)中的 $u_{L,q}(1 - u_{L,q})$ 和式(5.1.20)中的 $u_{l,j}(1 - u_{l,j})$ 是在激活函数为 Sigmoid 类型的前提条件下获得的,当激活函数为其他类型时,需要根据 $f'(\text{Net})$ 具体求取。

(2) BP 算法实质上是把一组样本输入输出问题转化为一个非线性优化问题,并通过梯度下降法,利用迭代求取权值的学习方法。但是,BP 算法尚存在以下缺点:①由于采用梯度下降算法,往往得到的是问题的局部极小解;②迭代次数多使得学习效率降低;③在学习新样本时,有遗忘旧样本的趋势,且要求表征每个样本的特征数目相同。

3) 影响因素及改进措施

根据式(5.1.21)容易知道,影响 BP 网络权值学习的因素包括初始权值、激活函数、学习率、学习方式等。

(1) 初始权值。一般情况下,初始权值为小的随机值,并尽可能覆盖整个权值空间,避免出现初始权值相同的情况。

(2) 激活函数。激活函数对权值更新有较大的影响,由于常规的 Sigmoid 函数的输出趋于 1 时,其导数接近于 0,从而会大大降低权值更新的速度,容易产生饱和现象。因此,可以通过 Sigmoid 函数的斜率或采用其他激活函数改善网络的学习性能。

(3) 学习率。一般说来,学习率越大,收敛速度越快,但容易产生振荡;学习率越小,收敛速度越慢。

学习率的选取可以有多种方式。例如,可以选择对任一神经元都不变的固定值、每层一个值、每个节点一个值,以及每个权系数一个值等。但是,要选择最佳的学习率十分困难,对此没有指导性的理论,只有一个经验法则,即选 η 反比于该节点总输入的平均值。

一种既简单又有效的改进办法是增加一个惯性项,则权值更新公式变为

$$w_{l,j,i}(k+1) = w_{l,j,i}(k) - \eta \frac{\partial E}{\partial w_{l,j,i}} + \alpha (w_{l,j,i}(k) - w_{l,j,i}(k-1)) \quad 0 < \alpha < 1$$
$$\tag{5.1.22}$$

这里,惯性项的作用一方面在一定程度上保持在前一次调整的方向上移动,另一方面滤除

在偏差函数曲面陡变部分造成的错误调整。目前，BP 算法都增加了惯性项，从而使得具有惯性项的 BP 算法成为目前的标准 BP 算法。

另一种措施是自适应调整学习率，方法较多，基本思想是在偏差曲面的平坦区域增大 η 值，加快收敛速度；在偏差曲面变化剧烈的区域，减小 η 值，避免训练出现震荡，从而导致增加学习次数。

（4）学习方式

根据网络权值更新所利用的样本多少，学习算法分为增量型和累积型两种：

增量型学习仅基于某一个样本的输出偏差更新网络权值，优点是学习过程是真正的梯度法，而且不必记忆每个权值的变化量，缺点是权值的更新只满足逼近最近的那个样本。

累积型学习基于所有样本的输出偏差更新网络权值。因此，只要学习率充分小，它能使网络收敛。

对随机的输入样本，采用增量型学习算法可望获得较好的学习效果。

（5）与其他优化算法的结合

神经网络学习本质是搜索合适的权值，使得网络输出尽可能的逼近期望输出。因此，其本质是一个优化问题。那么，各种智能优化方法，如进化算法、粒子群算法等都可以用于确定神经网络的权值，有的甚至同时实现对权值和结构的优化。

4）编程实现

步骤 1：初始化，包括权值、阈值、学习率 η、算法终止条件等，权值和阈值通常取小的随机数，如 $[-0.1, 0.1]$ 间的数；学习率 η 设为 $[0,1]$ 之间的较小数；算法终止条件常取为 $E \leqslant E_{\min}$，其中 $E_{\min}$ 为一较小的正数。

步骤 2：根据训练样本对，前向计算各层的输入和输出。

步骤 3：利用式（5.1.10）计算网络输出偏差。

步骤 4：利用式（5.1.17）和式（5.1.18）计算各层的广义偏差信号。

步骤 5：利用式（5.1.21）更新各层权值。

步骤 6：若 $E \leqslant E_{\min}$，算法结束，否则转步骤 2。

3. 功能

多层感知器有 3 大功能：①它能实现任意的布尔函数；②在模式识别问题中，它能划分输入空间，生成复杂的边界；③它能逼近从 R^n 到 R^m 的任意连续映射。

1）任意的布尔函数运算

众所周知，单个感知器仅能实现所有 n 元布尔函数中的极少部分，而多层感知器却能实现任意的布尔函数。

实际上，根据逻辑函数的（"析取"或"合取"）范式，只要两层节点就够用了：一层全是"与"节点；另一层全是"或"节点。但是，使用单隐层感知器实现某些逻辑函数时，需要的隐层节点数可能十分大；如果采用两隐层感知器，那么就可以大大减少隐层的节点数。但是，人们对用多层感知器实现已知逻辑函数并不十分感兴趣，因为已经有了布尔代数这个得力的工具。

2）复杂的模式识别和任意的连续映射

用两层感知器进行模式识别和函数拟合的例子如图 5.1.5 所示。

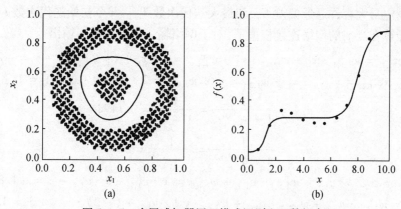

图 5.1.5　多层感知器用于模式识别和函数拟合

图 5.1.5(a)对两维两类模式识别,小圆圈和小方块分别是两类模式的样本,隐节点数为 3,决策边界是一条闭合曲线,明显分成 3 段,每段对应一个隐节点。该决策边界很光滑,原因是神经元激活函数采用了光滑的 Sigmoid 函数。

图 5.1.5(b)对一个函数进行拟合,小黑点表示学习样本,隐节点数为 2。拟合曲线由两个光滑阶梯函数组成,每个对应一个隐节点。该拟合曲线很光滑,也是由于激活函数采用了 Sigmoid 函数。

已经证明,在识别问题中,用二层感知器就能以任意精度逼近任何非线性决策边界;在函数逼近问题中,用二层感知器就可以任意精度逼近任何连续非线性映射。但是,这决不是说用不着三层或三层以上的感知器。因为,在解决某些问题时,若采用二层感知器,隐节点数目可能是输入向量维数的指数函数,而换成三层感知器,隐节点数目可以降低到输入向量维数的多项式函数。至于三层以上感知器是否有类似的结果,目前尚无定论。

注意:

(1) 上述结论并不需要 Sigmoid 函数的假设,而只要求连续、光滑、单增、上下有界的非线性函数即可,如 tanh 函数。

(2) 上述结论也不要求输出层必须用非线性神经元。所以,为了使学习容易进行,常在输出层采用线性神经元。

4. 应用及其 Matlab 实现

例 5.1.1　假设某多层感知器对于输入 $(x_1, x_2)^T = (1, 3)^T$ 的期望输出为 $(d_1, d_2)^T = (0.95, 0.05)^T$,网络的初始权值如图 5.1.6 所示,如果采用 BP 算法更新网络的权值。试给出权值的一步更新过程。这里,神经元激活函数为 $f(x) = \dfrac{1}{1 + e^{-x}}$,学习率为 $\eta = 1$。

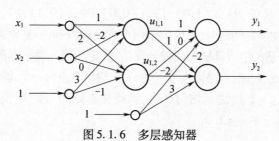

图 5.1.6　多层感知器

（1）设定最大容许逼近偏差 $E_{\min}$ 和最大迭代次数 $T_{\max}$，并令初始迭代次数 $t=0$。

（2）计算在当前的网络连接权值下，对于网络输入的神经网络输出

$$\text{Net}_{1,1} = w_{1,1,1} \cdot x_1 + w_{1,1,2} \cdot x_2 + w_{1,1,0} = 1 \cdot x_1 + (-2) \cdot x_2 + 3 = -2$$
$$\text{Net}_{1,2} = w_{1,2,1} \cdot x_1 + w_{1,2,2} \cdot x_2 + w_{1,2,0} = 2 \cdot x_1 + 0 \cdot x_2 - 1 = 1$$

$$u_{1,1} = \frac{1}{1 + e^{-\text{Net}_{1,1}}} = \frac{1}{1 + e^2} = 0.1192$$

$$u_{1,2} = \frac{1}{1 + e^{-\text{Net}_{1,2}}} = \frac{1}{1 + e^{-1}} = 0.731$$

$$\text{Net}_{2,1} = w_{2,1,1} \cdot u_{1,1} + w_{2,1,2} \cdot u_{1,2} + w_{2,1,0} = 1 \cdot u_{1,1} + 0 \cdot u_{1,2} - 2 = -1.8808$$
$$\text{Net}_{2,2} = w_{2,2,1} \cdot u_{1,1} + w_{2,2,2} \cdot u_{1,2} + w_{2,2,0} = 1 \cdot u_{1,1} + (-2) \cdot u_{1,2} + 3 = 1.6572$$

$$y_1 = u_{2,1} = \frac{1}{1 + e^{-\text{Net}_{2,1}}} = 0.1323$$

$$y_2 = u_{2,2} = \frac{1}{1 + e^{-\text{Net}_{2,2}}} = 0.8399$$

（3）判断神经网络的逼近偏差是否满足要求或迭代次数是否达到最大迭代次数，即

$$\| d - y \| < E_{\min} \quad \text{or} \quad t \geq T_{\max}$$

如果上述不等式中有一个满足，那么，就退出网络权值更新过程；否则，进入权值更新。

权值更新。本例中样本只有一个，根据式（5.1.19）和式（5.1.20），可知输出层和隐含层之间连接权调整公式为

$$\Delta w_{2,q,j} = \eta \delta_{2,q} u_{2,q} (1 - u_{2,q}) u_{1,j} \quad j = 0,1,2, q = 1,2$$

隐含层和输入层之间连接权调整公式为

$$\Delta w_{1,j,i} = \eta \delta_{1,j} u_{1,j} (1 - u_{1,j}) x_i \quad i = 0,1,2, j = 1,2$$

计算结果为

$$\Delta w_{1,1,1} = 0.0322 \quad \Delta w_{1,1,2} = 0.0965 \quad \Delta w_{1,1,0} = 0.0322$$
$$\Delta w_{1,2,1} = 0.0369 \quad \Delta w_{1,2,2} = 0.1107 \quad \Delta w_{1,2,0} = 0.0369$$
$$\Delta w_{2,1,1} = 0.0112 \quad \Delta w_{2,1,2} = 0.0686 \quad \Delta w_{2,1,0} = 0.0938$$
$$\Delta w_{2,2,1} = -0.01266 \quad \Delta w_{2,2,2} = -0.0776 \quad \Delta w_{2,2,0} = -0.1062$$
$$w_{l,j,i}(k+1) = w_{l,j,i}(k) + \Delta w_{l,j,i} \quad l = 1,2, i = 0,1,2, j = 1,2$$

例 5.1.2 考虑二元"异或"问题，这个问题具有重要意义，因为单层感知器解决不了"异或"问题，因此至少要用二层感知器才行。训练样本对如表 5.1.2 所列，即有 4 个训练样本对，分别为：$((1,1),0),((1,0),1),((0,0),0),((0,1),1)$。

利用神经网络解决实际问题时，主要包括两个方面的内容：一是根据实际问题，确定神经网络结构；二是采用合适的学习算法训练神经网络，确定权值。对于本例，神经网络选择两隐层前馈网络，根据"异或"问题，网络输入节点为两个，输出节点为一个，隐层节点选两个。

初始权值在区间 $[-1\ 1]$ 之间均匀产生；训练样本以"0"和"1"类交替出现；对于所有权值都设置相同的学习率 $\eta = 1.0$。

Matlab 程序如下：

```
%输入训练向量
X = [0 1 1 0;0 0 1 1];
T = [0 1 0 1];
%初始化
net = newff(minmax(X),[2,1],{'tansig','purelin'});
%训练
net. trainparam. epochs = 100;
net. trainparam. goal = 0.0001;
net = train(net,X,T);
Y = sim(net,X)
%结果显示
plotpv(X,round(Y))
plotpc(net. iw{1,1},net. b{1})
```
程序运行结果为:

$Y = [0.0002 \quad 0.9952 \quad 0.0035 \quad 0.9998]$,分类结果如图 5.1.7 所示。

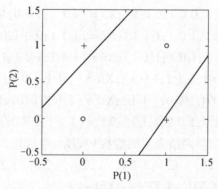

图 5.1.7　多层感知器解决"异或"问题

例 5.1.3　设计一个两层 BP 神经网络,并训练它来识别 $0,1,2,\cdots,9,A,\cdots,F$,利用一个 5×3 的布尔量网络表示上述十六进制数。例如,0 用(1 1 1;1 0 1;1 0 1;1 0 1;1 1 1)表示,1 用(0 1 0;0 1 0;0 1 0;0 1 0;0 1 0)表示,2 用(1 1 1;0 0 1;0 1 0;1 0 0;1 1 1)表示等,如图 5.1.8 所示。

图 5.1.8　16 个十六进制对应的 5×3 布尔量网络

将这 16 个含 15 个布尔量网络元素的输入向量定义成一个 15×16 维的输入矩阵 X，X 中每一列的 15 个元素对应一个数字量按列展开的布尔量网络元素，例如，X 中第一列的 15 个元素 $(1;1;1;1;0;1;1;0;1;1;0;1;1;1;1)$ 表示 0。目标向量也被定义成一个 4×16 维的目标矩阵 T，其每一列的 4 个元素对应一个数字量，这 16 个数字量用其所对应的十六进制值表示。例如，用 $(0;0;0;0)$ 表示 0，用 $(0;0;0;1)$ 表示 1，用 $(0;0;1;0)$ 表示 2 等。

为了识别这些以 5×3 布尔量网络表示的十六进制数，所设计的网络需要有 15 个输入，在输出层需要 4 个神经元来识别它，隐含层设计了 9 个神经元。激活函数选择 Log – Sigmoid 型传输函数，因为它的输出范围正好适合在学习后输出布尔值。由于十六进制数的表示有时会受到噪声的干扰，使布尔量网络元素发生变化。所以，为了能排除噪声的干扰，顺利地识别 16 个十六进制数，必须设计高性能的神经网络。

方法一：根据 initff( ) 函数编写的 Matlab 程序如下：

```
% 定义用 5×3 布尔量网络表示的 16 个十六进制数 0,1,2,…,9,A,…,F
X0 = [1 1 1;1 0 1;1 0 1;1 0 1;1 1 1];X1 = [0 1 0;0 1 0;0 1 0;0 1 0;0 1 0];
X2 = [1 1 1;0 0 1;0 1 0;1 0 0;1 1 1];X3 = [1 1 1;0 0 1;0 1 0;0 0 1;1 1 1];
X4 = [1 0 1;1 0 1;1 1 1;0 0 1;0 0 1];X5 = [1 1 1;1 0 0;1 1 1;0 0 1;1 1 1];
X6 = [1 1 1;1 0 0;1 1 1;1 0 1;1 1 1];X7 = [1 1 1;0 0 1;0 0 1;0 0 1;0 0 1];
X8 = [1 1 1;1 0 1;1 1 1;1 0 1;1 1 1];X9 = [1 1 1;1 0 1;1 1 1;0 0 1;1 1 1];
XA = [0 1 0;1 0 1;1 0 1;1 1 1;1 0 1];XB = [1 1 1;1 0 1;1 1 0;1 0 1;1 1 1];
XC = [1 1 1;1 0 0;1 0 0;1 0 0;1 1 1];XD = [1 1 1;1 0 1;1 0 1;1 0 1;1 1 0];
XE = [1 1 1;1 0 0;1 1 0;1 0 0;1 1 1];XF = [1 1 1;1 0 0;1 1 0;1 0 0;1 0 0];
% 将每个用 5×3 布尔量网络表示的数按列表示,生成输入矩阵 X
X = [X0(:) X1(:) X2(:) X3(:) X4(:) X5(:) X6(:) X7(:) X8(:) X9(:) …
XA(:) XB(:) XC(:) XD(:) XE(:) XF(:)];
% 定义每个十六进制对应的目标向量,生成目标矩阵 T
T0 = [0;0;0;0];T1 = [0;0;0;1];T2 = [0;0;1;0];T3 = [0;0;1;1];
T4 = [0;1;0;0];T5 = [0;1;0;1];T6 = [0;1;1;0];T7 = [0;1;1;1];
T8 = [1;0;0;0];T9 = [1;0;0;1];TA = [1;0;1;0];TB = [1;0;1;1];
TC = [1;1;0;0];TD = [1;1;0;1];TE = [1;1;1;0];TF = [1;1;1;1];
T = [T0 T1 T2 T3 T4 T5 T6 T7 T8 T9 TA TB TC TD TE TF];
% 建立网络
[R,N1] = size(X);[S2,N1] = size(T);S1 = 9;
[W1,b1,W2,b2] = initff(X,S1,'logsig',T,'logsig');
[y1,y2] = simuff(X,W1,b1,'logsig',W2,b2,'logsig');
% 利用不含噪声的理想输入数据训练网络
disp_freq = 20;              % 显示间隔
max_epoch = 5000;            % 训练时间
err_goal = 0.0001;           % 训练目标偏差
```

```
mc = 0.95;                        % 动量参数
tp = [disp_freq max_epoch err_goal NaN NaN NaN mc];
[W1,b1,W2,b2,te,tr] = trainbpx(W1,b1,'logsig',W2,b2,'logsig',X,T,tp);
[y1,y2] = simuff(X,W1,b2,'logsig',W2,b2,'logsig');
```

% 为使网络对输入有一定容错能力,再分别利用不含和含有噪声的输入数据训练网络

```
Max_epoch = 500;                  % 训练时间
err_goal = 0.6                    % 训练目标偏差
T1 = [T T T T];tp = [disp_freq max_epoch err_goal]
for i = 1:10
X1 = [X X (X + randn(R,N1) * 0.1) (X + randn(R,N1) * 0.2)];
[W1,b1,W2,b2,te,tr] = trainbpx(W1,b1,'logsig',W2,b2,'logsig',X1,T1,tp);
end
[y1,y2] = simuff(X1,W1,b1,'logsig',W2,b2,'logsig');
```

% 为了保证网络总能够正确地对理想输入信号进行识别,再次用理想信号进行训练

```
disp_freq = 20;                   % 显示间隔
max_epoch = 5000;                 % 训练时间
err_goal = 0.001;                 % 训练目标偏差
tp = [disp_freq max_epoch err_goal];
[W1,b1,W2,b2,te,tr] = trainbpx(W1,b1,'logsig',W2,b2,'logsig',X,T,tp);
X1 = X(:,2:2:16);                 % 定义网络输入为十六进制数 1,3,5,7,9,B,D,F
y = simuff(X1,W1,b1,'logsig',W2,b2,'logsig')
```

结果显示:
```
y =
0.0000   0.0000   0.0000   0.0000   1.0000   1.0000   1.0000   1.0000
0.0002   0.0005   1.0000   1.0000   0.0219   0.0003   1.0000   1.0000
0.0003   1.0000   0.0000   0.9999   0.0000   0.9997   0.0000   1.0000
1.0000   1.0000   1.0000   1.0000   1.0000   1.0000   1.0000   1.0000
```

由以上结果可知,网络的实际输出刚好为十六进制数的 1,3,5,7,9,B,D,F,表明网络训练成功。

方法二:根据 newff( )函数编写的 Matlab 程序如下:

% 定义用 5 ×3 布尔量网络表示的 16 个十六进制数 0,1,2,…,9,A,…,F

```
X0 = [1 1 1;1 0 1;1 0 1;1 0 1;1 1 1];X1 = [0 1 0;0 1 0;0 1 0;0 1 0;0 1 0];
X2 = [1 1 1;0 0 1;0 1 0;1 0 0;1 1 1];X3 = [1 1 1;0 0 1;0 1 0;0 0 1;1 1 1];
X4 = [1 0 1;1 0 1;1 1 1;0 0 1;0 0 1];X5 = [1 1 1;1 0 0;1 1 1;0 0 1;1 1 1];
X6 = [1 1 1;1 0 0;1 1 1;1 0 1;1 1 1];X7 = [1 1 1;0 0 1;0 0 1;0 0 1;0 0 1];
X8 = [1 1 1;1 0 1;1 1 1;1 0 1;1 1 1];X9 = [1 1 1;1 0 1;1 1 1;0 0 1;1 1 1];
XA = [0 1 0;1 0 1;1 0 1;1 1 1;1 0 1];XB = [1 1 1;1 0 1;1 1 0;1 0 1;1 1 1];
XC = [1 1 1;1 0 0;1 0 0;1 0 0;1 1 1];XD = [1 1 1;1 0 1;1 0 1;1 0 1;1 1 0];
```

XE = [1 1 1;1 0 0;1 1 0;1 0 0;1 1 1]; XF = [1 1 1;1 0 0;1 1 0;1 0 0;1 0 0];
% 将每个用 5 × 3 布尔量网络表示的数按列表示, 生成输入矩阵 X
X = [X0(:) X1(:) X2(:) X3(:) X4(:) X5(:) X6(:) X7(:) X8(:) X9(:) …
XA(:) XB(:) XC(:) XD(:) XE(:) XF(:)];
% 定义每个十六进制对应的目标向量, 生成目标矩阵 T
T0 = [0;0;0;0]; T1 = [0;0;0;1]; T2 = [0;0;1;0]; T3 = [0;0;1;1];
T4 = [0;1;0;0]; T5 = [0;1;0;1]; T6 = [0;1;1;0]; T7 = [0;1;1;1];
T8 = [1;0;0;0]; T9 = [1;0;0;1]; TA = [1;0;1;0]; TB = [1;0;1;1];
TC = [1;1;0;0]; TD = [1;1;0;1]; TE = [1;1;1;0]; TF = [1;1;1;1];
T = [T0 T1 T2 T3 T4 T5 T6 T7 T8 T9 TA TB TC TD TE TF];
% 建立网络, 并得权值和阈值
[R,N1] = size(X); [S2,N1] = size(T); S1 = 9;
net = newff(minmax(X), [S1 S2], {'logsig','logsig'}, 'traingdx');
w = net. LW{2,1}; b = net. b{1}; b = net. b{2}; y1 = sim(net,X);
% 利用不含噪声的理想输入数据训练网络, 并得权值和阈值
net. performFcn = 'sse';   % 平方和偏差函数
net. trainParam. goal = 0. 000001;   % 训练目标偏差
net. trainParam. epochs = 5000;   % 训练时间
net. trainParam. show = 20   % 计算步长
net. trainParam. mc = 0. 95   % 冲量参数
[net,tr] = train(net,X,T);
w = net. LW{2,1}; b = net. b{1}; b = net. b{2};
y2 = sim(net,X);
% 为使网络对输入有一定容错能力, 再分别利用不含和含有噪声的输入数据训练网络
net. trainParam. goal = 0. 6;   % 训练目标偏差
net. trainParam. epochs = 500;   % 训练时间
net1 = net; T1 = [T T T T];
for i = 1:10
X1 = [X X (X + randn(R,N1) * 0.1) (X + randn(R,N1) * 0.2)];
[net1,tr] = train(net1,X1,T1)
end
y3 = sim(net1,X);
% 为了保证网络总能够正确地对理想输入信号进行识别, 再次用理想信号进行训练
[net1,tr] = train(net1,X,T);
w = net. LW{2,1}; b = net. b{1}; b = net. b{2};
X1 = X(:,2:2:16); y4 = sim(net,X1)
结果显示:
y4 =
0.0000   0.0001   0.0001   0.0004   0.9998   1.0000   0.9999   1.0000

138

0.0003	0.0002	1.0000	0.9996	0.0000	0.0000	0.9997	1.0000
0.0003	1.0000	0.0000	0.9995	0.0000	0.9997	0.0000	1.0000
1.0000	1.0000	1.0000	0.9996	0.9998	0.9997	0.9997	1.0000

Matlab 中常用的感知器和多层感知器函数如表 5.1.3 和表 5.1.4 所列。

表 5.1.3 感知器函数

函 数 名	功 能	函 数 名	功 能
plotpv( )	在坐标图上绘出样本点	simup( )	对感知器神经网络进行仿真
plotpc( )	在已绘制的图上加分类线	learnp( )	感知器神经网络的学习函数
initp( )	对感知器神经网络进行初始化	learnpn( )	标准化感知器神经网络的学习函数
trainp( )	训练感知器神经网络的权值和阈值	newp( )	生成一个感知器神经网络
trainpn( )	训练标准化感知器网络的权值和阈值		

表 5.1.4 多层感知器函数

函 数 名	功 能	函 数 名	功 能
tansig( )	双曲正切 S 形(Tan-Sigmoid)传输函数	trainbpx( )	利用快速 BP 算法训练前向网络
logsig( )	对数 S 形(Log-Sigmoid)传输函数	trainlm( )	利用 Levenberg-Marguardt 规则训练前向网络
purelin( )	线性(Purelin)传输函数	simuff( )	BP 神经网络进行仿真
dtansig( )	Tansig 神经元的求导函数	newff( )	生成一个前馈 BP 网络
dlogsig( )	Logsig 神经元的求导函数	newef( )	生成一个前向级联 BP 网络
dpurelin( )	Purelin 神经元的求导函数	newfftd( )	生成一个前馈输入延时 BP 网络
deltatan( )	Tansig 神经元的 delta 函数	nwlog( )	对 Logsig 神经元产生 Nguyen-Midrow 随机数
deltalog( )	Logsig 神经元的 delta 函数	sumsqr( )	计算偏差平方和
deltalin( )	Purelin 神经元的 delta 函数	errsurf( )	计算偏差曲面
learnbp( )	BP 学习规则	plotes( )	绘制偏差曲面图
learnbpm( )	含动量规则的快速 BP 学习规则	plotep( )	在偏差曲面图上绘制权值和阈值的位置
learnlm( )	Levenberg-Marguardt 学习规则	ploterr( )	绘制偏差平方和对训练次数的曲线
trainbp( )	利用 BP 算法训练前向网络	barerr( )	绘制偏差的直方图

第二节 径向基函数神经网络

一、网络结构

径向基函数(Radial Basis Function，RBF)网络是一种两层网络,如图 5.2.1 所示,其隐节点的激活函数是高斯函数,输出节点的激活函数是线性函数。所以,它的输出实际上是高斯函数的线性组合,这些高斯函数叫作基函数或核函数。由于高斯函数的局限性,每个基函数只对模式空间中某个局部小范围内的输入产生明显的响应,因此有时也把它叫作局部接受域网络。

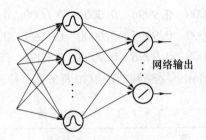

图 5.2.1　径向基函数神经网络

二、数学表示

最常用的高斯核函数的数学表达式为

$$u_{1,j} = \exp\left[-\frac{(x - w_{1,j})^T(x - w_{1,j})}{2\sigma_j^2}\right] \quad j = 1, 2, \cdots, N_1 \qquad (5.2.1)$$

式中：$u_{1,j}$ 为第一层第 j 个节点的输出；x 为 n 维输入向量；$w_{1,j}$ 为隐层第 j 个高斯核函数的中心；σ_j^2 是反映第 j 个高斯核函数形状的参数；N_1 是第一层的节点数。

每个高斯核函数的输出在 0 到 1 之间，且输入离中心越近，输出越大。

从式(5.2.1)可以看出，只要输入模式离中心的距离相等，节点的输出就相等，因此核函数是径向对称的，故取名为径向基函数。

输出节点方程为

$$y_j = w_{2,j}^{\mathrm{T}} u_1 \quad j = 1, 2, \cdots, N_2 \qquad (5.2.2)$$

式中：y_j 为输出层第 j 个节点的输出；$w_{2,j}$ 为指向该节点的权向量；u_1 为来自第一层的输入向量；N_2 是输出层的节点数。

整个网络相当于一个从 R^n 到 R^{N_2} 的非线性映射。

三、学习算法

RBF 网络有 3 类可调参数，分别为高斯基函数的中心 $w_{1,j}$ 和宽度 σ_j，以及隐含层和输出层之间的连接权 $w_{2,j}$，通过调整上述 3 类参数，可以实现 RBF 网络的学习。

RBF 网络的学习算法很多，大多分为以下两个阶段：

（1）根据所有输入样本信息，利用聚类方法，进行隐层节点径向基函数中心和宽度的学习，这属于无导师学习；

（2）根据给定的训练样本，利用有导师学习算法，调整隐层节点和输出节点之间的连接权值。

在隐层节点基函数的学习算法中，最流行的是 K 均值聚类算法，它因为既简单又有效而被大多数人接受，该算法也可能是使用最广泛的算法。

在确定连接权值的第二个阶段，采用有导师学习，常用的有基于 Delta 学习规则的最小均方(LMS)算法以及最小二乘递推算法。

下面分别简要介绍上述两个学习过程。

1. 隐层节点基函数的无导师学习

常用 K 均值聚类算法确定中心向量,具体步骤如下。

步骤 1:随机初始化聚类中心 $w_{1,j}$,$j = 1, 2, \cdots, N$。

步骤 2:计算各输入样本与中心的距离,将其归入与其距离最小的类中。

步骤 3:计算各类中所有样本的均值,作为中心向量。

完成聚类后,用下式计算每个基函数的方差:

$$\sigma_j^2 = \frac{1}{M_j} \sum_{x \in \theta_j} (x - w_{1,j})^T (x - w_{1,j}) \tag{5.2.3}$$

式中:θ_j 是以 $w_{1,j}$ 为中心的类的训练样本集合;M_j 是该集合包含的元素个数。

2. 连接权值的有导师学习

这里仅介绍常用的基于 Delta 学习规则的 LMS 算法。如同以前一样,第 p 个训练样本对记为 $(u_{p,1}, d)$,但输入 $u_{p,1}$ 不是网络的原始输入,而是隐层向输出层的输入。

LMS 算法步骤如下。

步骤 1:初始化 $w_{2,j}$ 为较小的随机数、设定学习率 η。

步骤 2:针对样本对 $(u_{p,1}, d)$,根据式(5.2.2)计算输出层的输出 y_p,$p = 1, 2, \cdots, P$。

步骤 3:计算 $e_{p,j} = y_{p,j} - d_{p,j}$ 以及偏差目标函数 E。当 E 小于设定的最小偏差时,算法结束,否则转步骤 4。

步骤 4:调整网络权值 $w_{2,j}(k+1) = w_{2,j}(k) - \eta e_j u_1$。

四、特点

RBF 网络与 BP 网络(多层感知器)都属于前馈网络,两者是目前应用最多的前馈网络,下面与 BP 网络进行对比,从功能、结构、学习等方面说明 RBF 网络的特点。

1. 函数逼近

从函数逼近方面看,已有理论证明,只要隐含层节点数量足够多,前馈网络可以逼近任意单值连续函数。BP 网络和 RBF 网络逼近性能有所不同。BP 网络由于采用了 Sigmoid 函数作为激活函数,对输入信号无限大的范围内均会产生非零值,激活函数可全局接收输入信息;而 RBF 网络隐含层神经元采用高斯等径向基函数作为激活函数,只有距离基函数中心比较近的输入会明显影响到网络的输出。因此,激活函数具有局部化接收输入信息的特点,具有较强的局部映射能力。

2. 网络结构

从网络结构方面看,BP 网络可以由任意层神经元组成,常用的是两层网络;而 RBF 网络只有两层结构,即仅包含一个隐层和一个输出层。

3. 学习

从学习方面看,RBF 网络比 BP 网络训练速度快,因此比较适合于对系统的实时辨识和在线控制。RBF 网络的学习过程分为两个比较直观的阶段,但具体求解网络基函数中心和宽度时,往往比较困难;此外,在第一个学习阶段,隐节点中心个数 N_1 难以确定,且尚无指导性的结论。目前,常用计算机选择、设计和校验的方法确定该值。

4. 网络设计

径向基函数除了上述的高斯函数外,还可以选择多二次函数或者逆多二次函数等。如何选择合适的径向基函数也是 RBF 网络设计的难点。

五、基本功能

RBF 网络有两大功能,即模式识别与函数拟合。一个例子如图 5.2.2 所示,所用数据与图 5.1.5 中的完全一样。在识别例子中,网络只要一个隐节点,它将核函数放在数据中心,经过适当权值与阈值处理后,产生一个圆形边界。在函数拟合例子中,网络用了 4 个隐节点。

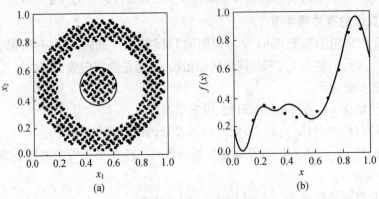

图 5.2.2 径向基函数神经网络的功能

(a) 模式识别;(b) 函数拟合。

对比图 5.2.2 与图 5.1.5(a) 可以看出,解决这类识别问题,RBF 网络比感知器有效得多。如果是解决高维空间中一个类完全包在另一个类中的识别问题,RBF 网络的效率还要高。但是,对于图 5.1.5(b) 中的函数拟合问题正好相反,感知器用的隐节点少,比RBF 网的效率高。

六、应用及其 Matlab 实现

例 5.2.1 利用径向基函数神经网络实现如下函数的逼近。

$$F(x) = 1.1(1 - x + 2x^2)\exp\left(-\frac{x^2}{2}\right), x \in [-4, 4]$$

利用 Matlab 中的"newrb"神经网络函数编写的程序如下:

```
% 给定要逼近的函数样本
X = -4:0.08:4;          % 输入样本 P = 100
T = 1.1 * (1 - X + 2 * X. ^2). * exp( -X. ^2. /2);
net = newrb(X, T, 0.02, 1);              % 建立网络
X1 = -1:0.01:1; y = sim(net, X1);        % 仿真网络
figure;
plot(X1, y, X, T, ' + ');                % 绘制网络预测输出及其偏差
```

142

执行后如图 5.2.3 所示。

由于 RBF 网络得到了广泛应用,因此在这里给出 Matlab 中关于 RBF 神经网络的函数,如表 5.2.1 所列,使用方法可通过在 Matlab 命令窗口中输入"help 函数名"查询。

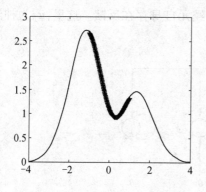

图 5.2.3　仿真结果及原始样本分布

表 5.2.1　RBF 网络常用 Matlab 函数

函 数 名	功　能
radbas( )	径向基传播函数
solverb( )	设计一个径向基神经网络
solverbe( )	设计一个精确径向基神经网络
simurb( )	径向基神经网络仿真函数
newrb( )	新建一个径向基神经网络
newrbe( )	新建一个严格的径向基神经网络
newgrnn( )	新建一个广义回归径向基神经网络
newpnn( )	新建一个概率径向基神经网络

第三节　Hopfield 神经网络

霍普菲尔德分别在 1982 年和 1984 年发表了著名论文"Neural networks and physical systems with emergent collective computation ability"和"Neurons with graded response have collective computational properties like those of two state neurons",从而揭开了反馈神经网络研究的新篇章。在这两篇论文中,他提出了一种相互联结的反馈型神经网络模型,即人们常说的 Hopfield 网络,并利用非线性动力学系统中的能量函数方法,研究反馈神经网络的稳定性,给出了相应的判据。

此外,霍普菲尔德很强调实用性,利用模拟电子线路实现了所提的神经网络模型,并成功地用神经网络方法实现了 4 位 A/D 转换。1987 年,贝尔实验室成功地在霍普菲尔德反馈神经网络基础上开发了神经网络芯片。

所有这些有意义的成果不仅为神经网络的硬件实现奠定了基础,也为神经网络的智能信息处理开拓了新途径,如联想记忆、优化问题求解等。

从时域上看,Hopfield 网络输出与输入在时间上存在传输延时,所表示的是一个动态过程,一般可以用差分方程或者微分方程来描述。根据所采用的激活函数的类型,Hopfield 网络可分为两种类型,分别是连续型和离散型。这两种 Hopfield 神经网络结构基本相同,都是反馈型网络。

对于离散型 Hopfield 网络(Discrete Hopfield Neural Network, DHNN),其激活函数为阈值函数,神经元输入输出只有两种状态,一般用 $\{1, -1\}$ 或 $\{0, 1\}$ 表示,因此又称为二值型 Hopfield 网络,主要用于联想记忆。

对于连续型 Hopfield 网络,其激活函数为连续函数,如 Sigmoid 函数等,输入输出之间具有连续可微、单调上升的函数关系,主要用于优化计算。

限于篇幅,下面仅介绍离散型 Hopfield 网络。

一、网络结构与数学表示

1. 网络结构

Hopfield 最早提出的 DHNN 网络是二值网络,结构如图 5.3.1 所示,仅包含一层神经元,各神经元之间进行全连接,即神经元之间及神经元自身存在反馈。这里,w_{ij} 为神经元之间的连接权值,θ_i 为第 i 个神经元的阈值。

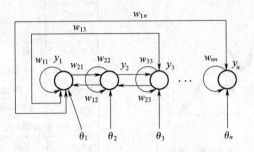

图 5.3.1　离散型 Hopfield 网络结构

2. 数学表示

DHNN 网络神经元之间存在反馈,从而使得输出与输入在时间上存在传输延时,很好地表示了一个动态过程,需采用差分方程表示其输入输出关系。

设网络共有 n 个神经元,$y_i(k)$ 为第 i 个神经元在 k 时刻的输出量,w_{ij} 为第 j 个神经元到第 i 个神经元的连接权值,设各神经元激活函数均为阈值型函数,则离散型 Hopfield 网络的数学模型可用如下方程描述为

$$\text{Net}_i(k) = \sum_{j=1}^{n} w_{ij} y_j(k) + \theta_i \tag{5.3.1}$$

$$y_i(k+1) = f(\text{Net}_i(k)) \tag{5.3.2}$$

式中:k 表示更新时刻;$\text{Net}_i(k)$ 表示第 i 个神经元在 k 时刻的净输入;$f(\cdot)$ 表示激活函数;$y_i(k+1)$ 表示第 i 个神经元在 $k+1$ 时刻的输出。

此外,阈值型激活函数可以分为两种情况,分别如图 5.3.2(a)、(b) 所示阶跃型和双极值型。对于阶跃型激活函数,神经元在 $k+1$ 时刻的输出为

$$y_i(k+1) = \begin{cases} 0 & \text{Net}_i(k) \leqslant 0 \\ 1 & \text{Net}_i(k) > 0 \end{cases} \tag{5.3.3a}$$

对于双极值型激活函数,神经元在 $k+1$ 时刻的输出为

$$y_i(k+1) = \begin{cases} -1 & \text{Net}_i(k) \leqslant 0 \\ 1 & \text{Net}_i(k) > 0 \end{cases} \tag{5.3.3b}$$

该网络具有如下特点:

（1）只有一个神经元层,神经元之间全连接,即每个神经元的输出都通过权值 w_{ij} 反馈到所有其他的神经元,包括自身神经元。

（2）各神经元的激活函数为阈值型函数。

144

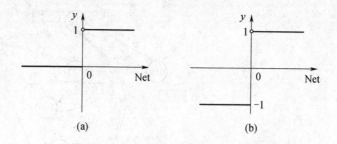

图 5.3.2　阈值型激活函数

（a）阶跃型激活函数；（b）双极值型激活函数。

（3）每个神经元都有一个状态,即神经元的输入、输出只取 $\{1,-1\}$ 或 $\{0,1\}$；神经元的离散值 1 和 0 或者 1 和 -1 分别表示神经元处于激活状态或者抑制状态。

（4）整个网络的状态由所有神经元的状态构成,可以用一个由 0 或 -1,以及 1 组成的向量表示,那么,该向量中的每一元素对应于某个神经元的状态。

（5）一个含有 n 个神经元的离散 Hopfield 网络有 2^n 个可能的状态。

二、工作方式

根据图 5.3.1 以及式（5.3.1）可知,该网络的输出反馈到输入端,所以在输出的作用下,网络的状态会不断地变化。给定网络的结构和某一初始状态后,网络会有输出,这个输出又会作为网络新的输入,从而产生新的输出。这个过程一直进行下去,直至网络最终的输出不再变化。

离散型 Hopfield 网络有两种工作方式,即串行（异步）工作方式和并行（同步）工作方式。

1. 串行工作方式

在某一 k 时刻,只有一个神经元 i 的状态按照式（5.3.1）和式（5.3.2）发生变化,网络中其余 $n-1$ 个神经元的状态保持不变,此时称网络为串行或者异步工作方式。状态变化的神经元可以是随机选择的,也可以是按照一定顺序进行的。经过一步更新后,神经网络的状态为

$$\text{Net}_i(k) = \sum_{j=1}^{n} w_{ij}y_j(k) + \theta_i$$

$$y_i(k+1) = f(\text{Net}_i(k))$$

$$y_j(k+1) = y_j(k), j \neq i \qquad (5.3.4)$$

例 5.3.1　考虑一个含有 3 个神经元的离散 Hopfield 网络,网络权值与阈值如图 5.3.3（a）所示,初始状态为 $(y_1(0), y_2(0), y_3(0)) = (0,0,0)$。试求更新后的网络状态。

不失一般性,假设状态更新的神经元依次为 v_1, v_2 和 v_3。

v_1 的净输入为

$$\text{Net}_1(0) = \sum_{j=1}^{3} w_{1j}y_j(0) + \theta_1 = -0.5 \times 0 + 0.2 \times 0 + 0.1 = 0.1 > 0$$

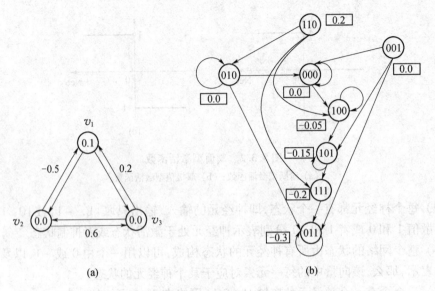

图 5.3.3　含有 3 个神经元的离散 Hopfield 网络的状态转移

因此，v_1 处于兴奋状态，使得其输出在第 1 时刻变为 1，从而网络的状态由 $y(0) = (0,0,0)$ 变为 $y(1) = (1,0,0)$。

考虑 v_2 在第 1 时刻的净输入，有

$$\text{Net}_2(1) = \sum_{j=1}^{3} w_{2j}y_j(1) + \theta_2 = -0.5 \times 1 + 0.6 \times 0 + 0 = -0.5 < 0$$

因此，v_2 处于抑制状态，其输出在第 2 时刻仍为 0，此时网络的状态为 $y(2) = (1,0,0)$。

考虑 v_2 在第 2 时刻的净输入，有

$$\text{Net}_3(2) = \sum_{j=1}^{3} w_{3j}y_j(2) + \theta_3 = 0.2 \times 1 + 0.6 \times 0 + 0 = 0.2 > 0$$

因此，v_3 处于兴奋状态，其输出在第 3 时刻变为 1，此时网络的状态为 $y(3) = (1,0,1)$。

上述过程不断重复，直至网络状态不再发生变化。

2. 并行工作方式

在任一 k 时刻，有多个神经元的输出状态发生变化，其余神经元的状态保持不变，变化的神经元组可以是随机选择的，也可以是按照一定顺序进行的。如果所有神经元的状态都发生变化，则称为全并行工作方式，计算方法为

$$\text{Net}_i(k) = \sum_{j=1}^{n} w_{ij}y_j(k) + \theta_i$$

$$y_i(k+1) = f(\text{Net}_i(k)) \quad i = 1,2,\cdots,n \qquad (5.3.5)$$

如果记 $y(k) = (y_1(k),y_2(k),\cdots,y_n(k))^{\text{T}}$ 为神经元的输出向量，$\theta = (\theta_1,\theta_2,\cdots,\theta_n)^{\text{T}}$ 为阈值向量，$w = \begin{bmatrix} w_{11} & \cdots & w_{1n} \\ \vdots & \vdots & \vdots \\ w_{n1} & \cdots & w_{nn} \end{bmatrix}$ 为权值矩阵，则式(5.3.5)可以写成矩阵形式

$$y(k+1) = f(wy(k) + \theta) \qquad (5.3.6)$$

146

课堂练习:对于例 5.3.1,采用同步工作方式,计算一步更新后网络的状态。

三、稳定性

1. 能量函数

仔细观察图 5.3.3(b)中的状态转移关系就会发现,Hopfield 网络的状态要么在同一"高度"上变化,要么从上向下转移。Hopfield 利用非线性动力学系统理论中的能量函数研究网络的稳定性,引入的能量函数的表达式为

$$E = -\frac{1}{2}y^\mathrm{T}wy + y^\mathrm{T}\theta = -\frac{1}{2}\sum_{i=1}^{n}\sum_{j=1}^{n}w_{ij}y_jy_i + \sum_{i=1}^{n}\theta_iy_i \qquad (5.3.7)$$

那么,Hopfield 网络中的状态变化将导致能量函数的下降,并且能量函数的极小值点与网络的稳定状态有紧密的关系。

2. 稳定性定理

定理 离散 Hopfield 网络的稳定状态与能量函数的局部极小点是一一对应的。

现举例说明以上定理的正确性。

例 5.3.2 求例 5.3.1 中各状态的能量。

考察状态(1,1,1)的能量

$$E = -\frac{1}{2}[1\ 1\ 1] \times w \times \begin{bmatrix} 1 \\ 1 \\ 1 \end{bmatrix} + [1\ 1\ 1]\theta = -0.2$$

由图 5.3.3(b)可知,状态(1,1,1)可以转移到(0,1,1),而状态(0,1,1)的能量为

$$E = -0.3$$

同理,可以计算出其他状态对应的能量,结果如图 5.3.3(b)方框内的数字所示。显然,状态(0,1,1)处的能量最小。从任意初始状态开始,网络沿着能量减小的方向更新状态,最终达到能量极小所对应的稳定状态。

3. 能量井

神经网络的能量极小状态称为能量井。

能量井的存在为信息的分布存储记忆、神经优化计算提供了基础。如果将记忆的样本信息存储于不同的能量井,那么,当输入某一模式时,神经网络就能回想起与其相关的记忆样本,以实现联想记忆。一旦神经网络的能量井可以由用户选择或产生时,Hopfield 网络所具有的能力才能得到充分的发挥。

能量井的分布是由权值决定的,因此,设计能量井的核心是如何获得一组合适的权值。权值设计通常有两种方法:

(1)根据求解问题的要求直接计算出连接权值,这种方法为静态产生法,一旦权值确定下来就不再改变;

(2)通过学习机制训练网络,使其能够自动调整权值,产生期望的能量井。这种方法为动态产生法。

四、网络设计

1. 静态产生法

首先,我们通过一个例子说明神经网络权值静态产生法。

例 5.3.3 考虑图 5.3.4 所示的含有 3 个神经元的 DHNN,如果要求设计的能量井为 $(0,1,0)$ 和 $(1,1,1)$,且权值和阈值可以在 $(-1,1)$ 取值。试确定网络的权值和阈值。

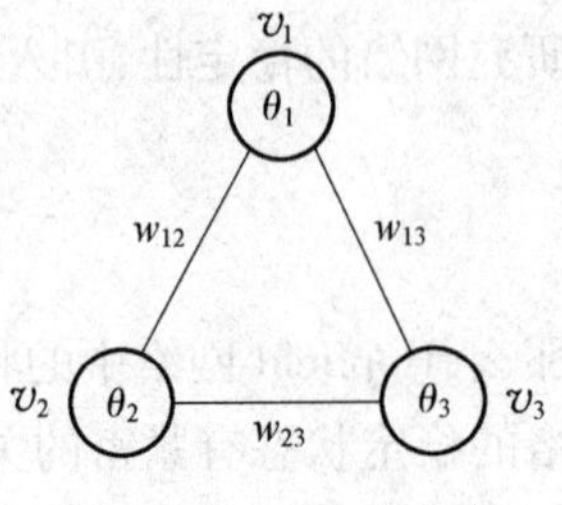

记 $(0,1,0)$ 为状态 A,$(1,1,1)$ 为状态 B。对于状态 A 来讲,如果 $(0,1,0)$ 是一个稳定状态,那么,当状态为 $(0,1,0)$ 时,其后的状态应该不变,这要求各神经元的净输入应该满足

$$v_1 : w_{12} + \theta_1 < 0$$
$$v_2 : \theta_2 > 0$$
$$v_3 : w_{23} + \theta_3 < 0 \qquad (5.3.8)$$

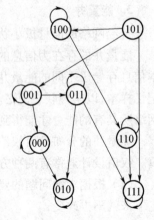

图 5.3.4　3 节点离散 Hopfield 网络模型

同理,对于状态 B,各神经元的净输入应该满足

$$v_1 : w_{12} + w_{13} + \theta_1 > 0$$
$$v_2 : w_{12} + w_{23} + \theta_2 > 0$$
$$v_3 : w_{23} + w_{13} + \theta_3 > 0 \qquad (5.3.9)$$

利用上面 6 个不等式,可以求出 6 个未知量的允许取值范围。假设取 $w_{12} = 0.5$,那么:

由式 (5.3.8) 的第 1 式,可得 $-1 \leqslant \theta_1 < -0.5$,可以取 $\theta_1 = -0.7$;

由式 (5.3.9) 的第 1 式,可得 $0.2 < w_{13} \leqslant 1$,可以取 $w_{13} = 0.4$;

由式 (5.3.8) 的第 2 式,可得 $0 < \theta_2 \leqslant 1$,可以取 $\theta_2 = 0.2$;

由式 (5.3.9) 的第 2 式,可得 $-0.7 < w_{23} \leqslant 1$,可以取 $w_{23} = 0.1$;

由式 (5.3.9) 的第 3 式,可得 $-1 \leqslant w_{13} < 0.5$,由于前面得到的 $w_{13} = 0.4$ 满足要求,因此仍然取 $w_{13} = 0.4$;

由式 (5.3.8) 的第 3 式,可得 $-1 \leqslant \theta_3 < -0.1$,可以取 $\theta_3 = -0.4$。

这样,需要记忆稳态 A 和 B 的 DHNN 网络的一组权值为

$$w_{12} = 0.5, w_{13} = 0.4, w_{23} = 0.1,$$
$$\theta_1 = -0.7, \theta_2 = 0.2, \theta_3 = -0.4$$

可以验证,利用这组参数构成的 DHNN,对于任何一个初始状态,网络最终都将达到期望的稳定状态 A 或 B,如图 5.3.5 所示。

注意:

(1) 由于网络权值和阈值的选择可以在某一范围内进行,因此它的解并不是唯一的。

(2) 在某种情况下,所选择的一组参数虽然能够满足能量井的设计要求,但同时也会产生我们不期望的能量井,这种能量井称为假能量井。

图 5.3.5　例 5.3.3 的离散 Hopfield 网络状态转移图

148

针对上例,如果选择的权值和阈值分别为

$$w_{12} = -0.5, w_{13} = 0.5, w_{23} = 0.4, \theta_1 = 0.1, \theta_2 = 0.2, \theta_3 = -0.7$$

那么,这组值确实满足不等式(5.3.8)和式(5.3.9),由这组值构成的 DHNN 有 3 个能量井,包括期望的能量井(0,1,0)和(1,1,1),以及假能量井(1,0,0)。

2. 动态产生法

离散型 Hopfield 神经网络动态设计方法的实质是,通过一定的规则自动地调整权值,使得网络具有期望的能量井分布,并将记忆样本存储在不同的能量井中。常用的 Hopfield 网络学习规则是 Hebb 规则和 δ 规则。

1)Hebb 规则

设有 n 个神经元相互连接,第 i 个神经元的状态能取 0 或 1(-1 或 1),分别代表抑制和兴奋,调节 w_{ij} 的原则:若第 i 个神经元与第 j 个神经元同时处于兴奋状态,那么它们之间的连接应该加强,即

$$\Delta w_{ij} = \eta y_i y_j \quad \eta > 0 \tag{5.3.10}$$

对于一组给定的需要记忆的样本向量 $\{d^1, d^2, \cdots, d^n\}$,如果 d^k 的输出为 1 或 -1,那么权向量的学习可以利用"外积规则",即

$$w_{ij} = (1 - \delta_{ij}) \sum_{k=1}^{n} d_i^k d_j^k \tag{5.3.11}$$

如果神经元的输出为 1 或 0,那么权向量的学习规则为

$$w_{ij} = (1 - \delta_{ij}) \sum_{k=1}^{n} (2d_i^k - 1)(2d_j^k - 1) \tag{5.3.12}$$

式中:$\delta_{ij} = \begin{cases} 0 & i \neq j \\ 1 & i = j \end{cases}$。

计算步骤归纳如下。

步骤 1:令 $W = (0)$。

步骤 2:输入 $d_k, k = 1, 2, \cdots, n$,分别按式(5.3.11)或式(5.3.12)计算 w_{ij}。

一旦学习完成,Hopfield 网络就可以用作联想记忆,即对于某一带噪声的输入模式,网络可以按照异步或者同步方式更新,直至 Hopfield 网络收敛与学习样本最接近的稳定模式。

2)δ 规则

计算第 j 个神经元的实际输出值 y_j,并与期望状态 d 进行比较。若不满足要求,则将二者偏差值的一小部分作为调整量,调整具有激活输入(状态为 1 的输入端)的神经元的权值;若满足要求,则相应的权值不需要调整,基本公式为

$$w_{ji}(k+1) = w_{ji}(k) + \eta[d - y_j(k)]y_j(k) \tag{5.3.13}$$

式中:η 为学习率。

Hopfield 网络的学习主要采用 Hebb 规则。

五、联想记忆

从前面的分析可知,只要神经元之间的权值满足一定的条件,则通过学习总能设计出

一组满足期望能量井分布的权值。能量井的存在为实现神经网络联想记忆提供了保证，同样，联想记忆功能也是 DHNN 的一个重要应用。要实现联想记忆，神经网络必须具备如下两个基本条件：

（1）网络能够收敛于稳定状态，利用此稳态记忆样本信息；

（2）具有回忆能力，能够从某一局部输入信息回忆起与其相关的相似记忆，或者由某一残缺的信息回忆起比较完整的记忆。

DHNN 网络作为一个反馈神经网络，其稳定性和可学习性为实现联想记忆奠定了基础。DHNN 实现联想记忆分为两个阶段，即学习记忆阶段和联想记忆阶段。

学习记忆阶段实质上是设计能量井的分布。对于要记忆的样本信息，通过一定的学习规则训练网络，确定一组合适的权值和阈值，使网络具有期望的稳态，不同的稳态对应于不同的记忆样本。

联想回忆阶段是给定网络某一输入模式的情况下，网络能够通过自身的动力学状态演化过程，达到与其在海明距离意义上最近的状态，从而实现自联想或异联想回忆。如果回忆出的结果为所要寻找的记忆，那么就称为正确回忆，否则称为错误回忆。当然，如果所要寻求的记忆根本就没有存储过，那么回忆的结果一定是不正确的，此时是不能回忆的。

联想记忆神经网络可以达到两个目的：

（1）通过联想记忆网络，可以从残缺不全的信息中获取完整的信息；

（2）可以对受到噪声干扰的输入模式进行精确的回忆。

DHNN 用于联想记忆有两个突出特点，即记忆是分布式的，联想是动态的，这与人脑的联想记忆实现机理相类似。利用网络能量井存储记忆样本，按照反馈动力学活动规律唤起记忆，显示出 DHNN 联想记忆实现方法的重要价值。

例 5.3.4 设计一个含有 5 个神经元的离散 Hopfield 网络，以记忆如下 3 个样本：

$$d^1 = (1,1,1,1,1)^T$$
$$d^2 = (1,-1,-1,1,-1)^T$$
$$d^3 = (-1,-1,1,-1,-1)^T$$

利用式(5.3.11)计算。为简化计算过程，记 $D = (d^1, d^2, \cdots, d^k)$，式(5.3.11)可以写成矩阵形式 $W = d \times d^T - kI$。这里 $d = (d^1, d^2, d^3)$，则

$$\boldsymbol{w} = d \times d^T - 3I = \begin{bmatrix} 0 & 1 & -1 & 3 & 1 \\ 1 & 0 & 1 & 1 & 3 \\ -1 & 1 & 0 & -1 & 1 \\ 3 & 1 & -1 & 0 & 1 \\ 1 & 3 & 1 & 1 & 0 \end{bmatrix}$$

当网络初始状态分别为 d^1, d^2, d^3 时，若该网络按照同步方式更新，一次更新后，有

$$d^1(1) = f(wd^1(0)) = \begin{pmatrix} f(4) \\ f(6) \\ f(0) \\ f(4) \\ f(6) \end{pmatrix} = \begin{pmatrix} 1 \\ 1 \\ 1 \\ 1 \\ 1 \end{pmatrix} = d^1$$

同理,可计算 d^2, d^3 也满足要求。因此,上述权值矩阵可使得 3 个样本为稳定点。

Matlab 程序如下:

```
% 输入记忆样本
d1 = [1 1 1 1 1]';
d2 = [1 -1 -1 1 -1]';
d3 = [-1 -1 1 -1 -1]';
D = [d1,d2,d3];
[w,b] = solvehop(D)
% 检验初始状态为期望样本时,网络状态
y = simuhop(D,w,b)
% 使用一个随机点仿真,并绘制其达到稳定点的轨迹
r = rands(5,1);
y1 = simuhop(r,w,b,20);
% 使用 10 个随机点仿真 20 步,查看输出结果
rr = rands(5,10);
y2 = simuhop(rr,w,b,20);
```

输出结果为

```
y =
    1    1   -1
    1   -1   -1
    1   -1    1
    1    1   -1
    1   -1   -1
y1 =
    1
    1
    1
    1
    1
y2 =
     1   1   1  -1  -1   1   1   1  -1  -1
    -1   1   1  -1  -1   1   1   1  -1  -1
    -1   1   1   1  -1   1   1   1   1   1
     1   1   1  -1  -1   1   1   1  -1  -1
    -1   1   1  -1  -1   1   1   1  -1  -1
```

根据以上结果可知,网络输出 y 最终到达了稳定点。对于设计好的网络,其随机输入点最终都到达了较近的稳定点,很好地实现了联想记忆。Hopfield 神经网络函数如表 5.3.1 所列。

表 5.3.1 Hopfield 神经网络函数

函 数 名	功 能
satlin( )	饱和线性传输函数
satlins( )	饱和对称线性传输函数
newhop( )	生成一个 Hopfield 网络
solvehop( )	设计一个 Hopfield 网络
simuhop( )	仿真一个 Hopfield 网络

习题与思考题

5 –1 简述影响 BP 学习算法的因素及改进措施。

5 –2 DHNN 实现联想记忆的条件是什么?

5 –3 DHNN 网络采用同步更新策略时,网络稳定的条件是什么?

5 –4 如下图所示的多层感知器网络,假设输入 $[x_1, x_2] = [1, 3]$ 的期望输出为 $[y_{d1}, y_{d2}] = [0.9, 0.3]$,初始网络权值如图所示。试用 BP 算法训练此网络,写出第一次迭代学习的计算结果,这里神经元的激活函数为 $\sigma(x) = \dfrac{1}{1 + e^{-x}}$, $\eta = 1$。

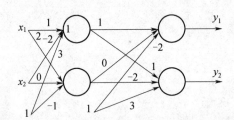

5 –5 如下图所示的字符识别系统,要求用离散 Hopfield 网络记忆 A、I、O 这 3 个字符。其中,1 表示黑,0 表示白,如字符 A 表示为 $(1,1,1,1,1,0,1,0,1,0,1,0,1,1,1,1)$。试求出 Hopfield 网络的权值;当输入为 $(1,1,0,1,1,0,1,0,1,1,0,1,1,1,1,1)$ 时,利用训练好的网络实现对此输入模式的识别。

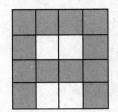 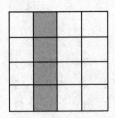 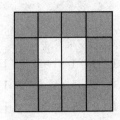

152

第六章 神经网络控制

基于神经网络的控制或以神经网络为基础构成的控制系统,称为神经网络控制(Neural Network Control,NNC),是20世纪80年代以来,在神经网络理论研究基础上发展起来的实现智能控制重要形式,是智能控制的一个非常活跃的分支。

神经网络在控制系统中的作用可分为辨识和控制两大类,本章首先介绍神经网络控制基本原理,然后介绍基于神经网络的系统辨识,以及两类典型的神经网络控制结构及其学习方法,包括单神经元PID自适应控制和直接逆模型控制。

第一节 神经网络控制基本原理

古典控制和现代控制等均是基于模型的控制,根据被控对象的数学模型及对控制系统的要求设计控制器,并利用数学模型描述控制规律。而现代复杂生产中的控制对象和过程大多具有非线性、时变性、变结构,以及不确定性等特点,难以建立精确的数学模型,那么传统的控制方法将难以奏效。

模糊控制基于专家经验和领域知识总结出若干条模糊控制规则,构成描述具有不确定性复杂对象的模糊关系,通过被控系统输出偏差及偏差变化和模糊关系的推理合成获得控制量,从而对系统进行控制。正如前面所述,模糊规则的获取、隶属度函数的设计,以及大量参数的确定等,都会极大地影响控制性能,而其确定又具有一定的难度。

上述控制方式都具有显式表达知识的特点,相比之下,神经网络不善于显式表达知识,即其输入和输出很难用显式函数表达,但它却具有很强的学习和自适应能力,能够逼近任意复杂的非线性函数,能够学习和适应严重不确定系统的动态特性,具有很强的容错性和鲁棒性,因此,神经网络在解决非线性和不确定性系统的控制方面具有良好效果。

一、神经网络控制的基本思想

众所周知,系统控制的目的在于通过确定适当的控制量,使得系统获得期望的输出特性。图6.1.1(a)给出了一般反馈控制系统的原理图。如果被控对象是复杂的非线性、不确定性系统,为了达到相同的控制效果,可以采用神经网络替代图(a)中的控制器,如图6.1.1(b)所示。

以下简要分析图6.1.1(b)所示的系统工作原理,以说明神经网络控制的思想。

设被控对象的输入 u 和系统输出 y 之间满足如下非线性关系

$$y = f(u) \qquad (6.1.1)$$

控制的目的是确定最佳控制量 u,使系统的实际输出 y 等于期望输出 y_d。

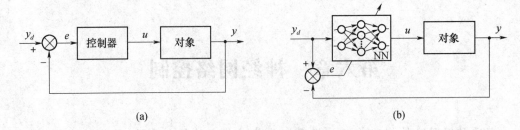

图 6.1.1　反馈控制与神经网络控制

在图 6.1.1(b)所示的控制系统中,神经网络可以采用多层网络,以参考输入 y_d 为输入,u 为输出,利用偏差 e 调整连接权值。由于神经网络具有很强的非线性映射能力,因此可以把神经网络的作用看作输入输出之间的某种映射。设映射关系为

$$u = g(y_d) \tag{6.1.2}$$

将式(6.1.2)代入式(6.1.1),消去中间变量 u,可得

$$y = f[g(y_d)] \tag{6.1.3}$$

显然,当 $g(\cdot) = f^{-1}(\cdot)$ 时,有 $y = y_d$,即系统输出 y 等于期望输出 y_d。

由于采用神经网络控制的被控对象一般是复杂的且多具有不确定性,因此非线性函数 $f(\cdot)$ 是难以建立的,可以利用神经网络具有逼近非线性函数的能力模拟 $f^{-1}(\cdot)$。尽管 $f(\cdot)$ 的形式未知,但通过系统的实际输出 y 与期望输出 y_d 之间的偏差,调整神经网络的连接权值,即让神经网络学习,直至偏差

$$e = y_d - y \to 0 \tag{6.1.4}$$

的过程,就是神经网络模拟 $f^{-1}(\cdot)$ 的过程,它实际上是对被控对象的一种求逆过程。由神经网络的学习算法实现这一求逆过程,就是神经网络实现直接控制的基本思想。

二、神经网络在控制中的主要作用

神经网络具有许多优异特性,决定了它在控制系统中应用的多样性和灵活性。为了研究神经网络控制的形式,先给出神经网络控制的定义。

1. 神经网络控制

所谓神经网络控制,即基于神经网络的控制,或简称神经控制,是指在控制系统中,采用神经网络对难以精确描述的复杂非线性对象建模,或充当控制器,或优化计算,或进行推理等,以及同时兼有上述某些功能的组合。

2. 神经网络在控制中的作用

根据上述定义,神经网络在控制中的作用分为以下 4 种:

(1) 在反馈控制系统中直接充当控制器;

(2) 在基于精确模型的各种控制结构中充当被控对象的模型;

(3) 在传统控制系统中起优化作用;

(4) 在与其他智能控制方法和优化算法,如模糊控制、专家控制、遗传算法等相融合中,为其提供非参数化对象模型、优化参数、推理模型等。

人工智能中的新技术不断出现及其在智能控制中的应用,使得神经网络在和其他新技术的融合中发挥更大的作用。下面根据神经网络在控制中所起的作用,重点结合(1)和(2)的作用方式,介绍神经网络系统辨识,以及两类典型的神经网络控制系统。

第二节　神经网络系统辨识

一、系统辨识

所谓辨识,扎德曾经下过这样的定义:"辨识是在输入和输出数据的基础上,从一组给定的模型中,确定一个与所测系统等价的模型"。

这个定义明确了辨识的如下3个基本要素:

(1)输入/输出数据指能够测量到系统的输入和输出;

(2)模型类指所考虑的系统结构;

(3)等价准则指辨识的优化目标。

由于实际上不可能寻找到一个与实际系统完全等价的模型,因此从更实用的观点来看,辨识就是从一组模型中选择一个模型,按照某种准则,使之能最好地拟合所关心的实际系统的动态或静态特性。图6.2.1给出了常见的辨识结构。

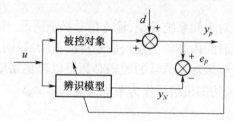

图6.2.1　辨识结构

一旦确认系统具有非线性特征以后,系统辨识的任务就是选择适当的模型来描述它。描述非线性系统的模型结构不同,其参数估计的方法也不同。由于非线性系统的复杂性,至今还没有一套适用于所有非线性系统模型参数估计的有效方法。

系统辨识在工业生产中有着广泛的应用,由辨识所得的被控对象模型可以用于控制系统的设计。长期以来,对被辨识对象所采用的模型结构,即模型类的选择是建立在线性系统理论基础之上的,对于复杂的非线性、不确定等系统的辨识,一直未能找到有效的解决方法。而神经网络所具有的强大的非线性映射能力和学习能力,为非线性系统辨识提供了一种有效的新途径。

二、神经网络系统辨识

神经网络的输入输出关系本质上是一种非线性映射,它可以从某一输入空间通过网络变换映射到输出空间。前面说到,这种非线性逼近关系在系统控制中也是相当重要的,使用非线性系统的输入和输出数据训练神经网络,可以认为是非线性函数的逼近问题。

逼近理论是一种经典的数学方法。众所周知,多项式函数和其他逼近方法都可以逼近任意的非线性函数,但由于其学习能力和并行处理能力不及神经网络,从而使得神经网络逼近理论的研究得到迅速发展。已有研究成果表明,多层前馈神经网络能够逼近 L^2 空间上的任意非线性函数。因此,多层前馈神经网络逼近问题的关键在于,如何确定隐含层和隐含层神经元的个数,以便最佳地逼近给定的非线性对象。Chester 从实验观察和分析中给出了理论上的支持,认为:两个隐层神经网络比单隐层神经网络具备更高的逼近精度。至于对于 N 个变量的连续函数到底需要多少隐含层和多少隐含层神经元,目前还没有公认的结论。

神经网络用于系统辨识的实质,就是选择一个适当的神经网络逼近实际系统。考虑到多层前馈神经网络具备良好的学习算法,选择多层前馈神经网络作为辨识模型。与传统的基于算法的系统辨识一样,神经网络辨识同样也需要考虑以下 3 个因素。

1. 模型的选择

模型只是在某种意义下对实际系统的一种近似描述,它的确定要兼顾精确性和复杂性。模型逼近精度越高,模型就越复杂;相反,如果适当降低对模型逼近精度的要求,只考虑主要因素而忽略次要因素,模型就可以简单些。所以,在建立实际系统的模型时,存在精确性和复杂性这一对矛盾。在神经网络辨识问题上,主要表现为网络隐含层数的确定和各隐含层节点数的选择。由于神经网络隐含层节点的最佳选择目前还缺乏理论指导,因此,实现这一折中方案的唯一途径只能是进行多次仿真实验。

2. 输入信号的选择

为了能够精确有效地对未知系统辨识,输入信号必须满足一定条件。从时域上看,要求系统的动态过程在辨识时间内必须被输入信号持续激励,即输入信号必须充分激励系统的所有模态;从频域看,要求输入信号的频谱必须足以覆盖系统的频谱。通常,在神经网络辨识中,选用白噪声或伪随机信号作为系统的输入信号。

3. 偏差准则的选择

偏差准则是衡量模型接近实际系统程度的标准,它通常表示为一个偏差的泛函,记作

$$E(W) = \sum_k f(e(k)) \tag{6.2.1}$$

式中,f 是偏差向量 $e(k)$ 的函数,用得最多的是平方函数,即

$$f(e(k)) = \| e(k) \|_2 \tag{6.2.2}$$

这里,偏差 $e(k)$ 指的是广义偏差,既可以表示输出偏差,又可以表示输入偏差,甚至是两种偏差函数的合成。

神经网络辨识在以上 3 个要素确定以后,就归结为一个最优化问题,即通过调整神经网络的权值使得式(6.2.1)最小。传统的辨识算法是建立依赖于参数的系统模型,并把辨识问题转化为模型参数的估计问题。与传统辨识不同,神经网络辨识具有以下 4 个特点。

1) 不要求建立实际系统的辨识格式

因为神经网络本质上已作为一种辨识模型,其可调参数反映在网络内部权值上。

2) 可以对本质非线性系统进行辨识

辨识是通过网络外部的输入和输出来拟合系统的输入和输出,网络内部隐含着系统

的特性。因此,这种辨识是由神经网络本身实现的,是非算法式的。

3）收敛速度不依赖于待辨识系统的维数

辨识的收敛速度只与神经网络本身及其所采用的学习算法有关,而传统的辨识方法随模型参数维数的增加变得很复杂。

4）可用于在线控制

神经网络可作为实际系统的物理实现,用于在线控制。

三、基于神经网络的非线性动态系统辨识

非线性动态系统的神经网络辨识,根据模型的表示方式不同主要有两大类,即前向建模法和逆模型法。

1. 前向建模方法

所谓前向建模,是指利用神经网络逼近非线性系统的前向动力学模型,结构如图6.2.2所示,其中 TDL 表示延迟抽头。神经网络模型在结构上与实际系统并行,训练网络的导师信号直接利用系统的实际输出,即将系统的实际输出与网络输出的偏差作为网络训练信号。

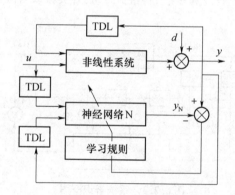

图6.2.2　前向建模结构

目前,对于动态系统的建模有两种方法:

（1）把系统动力学特性直接引入到网络本身,如回归网络模型和动态神经元模型;

（2）在网络输入信号中考虑系统的动态因素,将输入和输出的滞后信号加到网络输入中,从而保证网络的输出含有以前时刻的输入和输出信息,以模拟离散动态系统。

由于多层前馈神经网络具备良好的学习算法,因此动态系统的这一建模方法往往选择多层前馈神经网络。不失一般性,设需辨识的对象为下述非线性离散动态系统

$$y(k+1) = f[y(k),\cdots,y(k-n+1),u(k),u(k-1),\cdots,u(k-m+1)]$$

$$(6.2.3)$$

第 $k+1$ 时刻的系统输出依赖于过去时刻的 n 个输出值和过去 m 个控制值。

一种比较直观的建模方法是选择神经网络的输入和输出结构与系统的结构一致。记 y_N 为神经网络的输出,则

$$y_N(k+1) = \hat{f}[y(k),\cdots,y(k-n+1),u(k),\cdots,u(k-m+1)] \quad (6.2.4)$$

式中:ƒ 为神经网络的输入输出非线性映射。

这时,网络的输入包括实际系统输出的过去值 $y(k),y(k-1),\cdots,y(k-n+1)$,因此,式(6.2.4)表示的是一种通用的非线性动态系统模型。

通常,针对同一非线性离散动态系统,用神经网络辨识系统也是相当复杂的,即可有多种神经网络结构来逼近此系统模型。前向建模方法建立起来的神经网络模型表示的系统,是从系统的输入 u 经过前向网络传播后输出 y。这种方法确实反映了系统动力学系统的输入和输出关系。

例 6.2.1 设被辨识系统的差分方程为

$$y(k) = f[\beta_0 y(k-1),\beta_1 y(k-2),\beta_2 y(k-3),u(k-1),u(k-2)]$$

其中,参数 β_0,β_1,β_2 未知,采用神经网络辨识,试确定网络结构。

由式(6.2.4),选择辨识模型的结构为

$$y_N(k) = \hat{f}[y(k-1),y(k-2),y(k-3),u(k-1),u(k-2)]$$

采用多层前馈神经网络时,网络输入为 5 个神经元,分别连接系统的 3 个输出信号 $y(k-1),y(k-2),y(k-3)$ 和 2 个输入信号 $u(k-1),u(k-2)$;输出层有 1 个神经元,其输出为 $y_N(k)$;网络隐层一般设为一层,神经元个数由实验或者经验确定。系统辨识框图如图 6.2.3 所示。

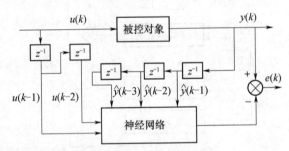

图 6.2.3 系统辨识框图

然而,在大多数基于神经网络控制的系统中,往往要考虑动态系统的逆模型。如何建立非线性系统的逆动力学模型,对以后将讨论的神经网络控制是至关重要的,因此有必要进一步分析逆模型法。

2. 逆模型法

最直接的逆模型结构如图 6.2.4 所示,将系统输出作为网络的输入,将网络输出与其期望输出即系统的输入进行比较,得到的偏差作为此神经网络的训练信号。

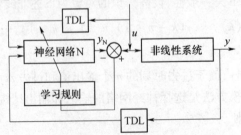

图 6.2.4 逆模型法结构

158

图 6.2.4 所示的逆模型建模方法并不实用,主要原因在于此方法存在以下缺陷。

1）学习过程不是目标最优的

众所周知,如果要求神经网络准确地逼近给定的非线性函数,其训练的样本空间应尽量选择系统可能达到的大范围内的数据。然而,实际系统运行中的控制信号往往是针对某一过框而言的,这样,用来训练神经网络模型的学习信号并不能完全表示整个非线性系统的特性,因此存在局部逼近问题。

2）建模不精确

一旦非线性系统的对应关系不是一对一的,那么建立的逆模型往往是不精确的。

克服缺陷(1),可以参考其他系统辨识方法:适当地在稳定工作态下加入一个小的随机输入信号,从而提高系统的可辨识能力;另一个途径是采用图 6.2.5 所示的逆模型建模结构。在这种结构中,逆模型的输入可以遍及整个系统的输入空间。由于它的指导思想和学习方法与神经控制器有相近之处,因此详细的讨论请参见本章第四节。

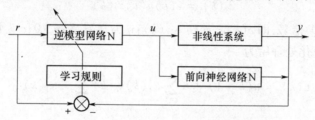

图 6.2.5　实用逆模型建模结构图

第三节　单神经元 PID 自适应控制

一、控制结构

单神经元 PID 自适应控制,就是在控制系统中利用一个神经元作为控制器,以实现类似于 PID 控制的功能,但其参数可以不断调整,从而实现自适应控制的功能。

单神经元 PID 自适应控制系统的结构如图 6.3.1 所示。转换器的输入信号为期望控制信号 $r(k)$ 和被控对象的输出信号,其输出为神经元学习所需要的状态量 x_1,x_2,x_3,其中,$x_1(k)=e(k)$,$x_2(k)=e(k)-e(k-1)$,$x_3(k)=e(k)-2e(k-1)+e(k-2)$。

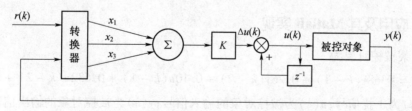

图 6.3.1　单神经元 PID 自适应控制系统结构

第 k 时刻被控对象的控制信号 $u(k)$ 为

$$u(k) = u(k-1) + K\sum_{i=1}^{3} w_i(k)x_i(k) \quad K > 0 \tag{6.3.1}$$

式中:$w_i(k)$为对应于$x_i(k)$的权系数;K为神经元的比例系数,且$K>0$。

二、学习算法

将无监督 Hebb 学习和有监督 Delta 学习两者结合起来,就构成了有监督 Hebb 学习规则,即

$$w_{ij} = \eta [d_j(k) - o_j(k)] o_j(k) o_i(k) \tag{6.3.2}$$

式中:$o_i(k)$和$o_j(k)$分别表示神经元i和j的输出值;w_{ij}表示神经元i和j的连接权值。

单神经元 PID 自适应控制器通过对加权系数的调整实现自适应和自组织功能,而加权系数的调整采用有监督 Hebb 学习规则,它与神经元的输入、输出、输出偏差三者相关,即

$$w_i(k+1) = (1-c)w_i(k) + \eta z_i(k)$$
$$z_i(k) = e(k)u(k)x_i(k) \tag{6.3.3}$$

式中:$e(k)$表示偏差信号,即$e(k)=r(k)-y(k)$;η为学习率,$\eta>0$;c为常数。

学习算法规范化处理后为

$$u(k) = u(k-1) + K\sum_{i=1}^{3} w_i^1(k)x_i(k) \sum_{i=1}^{3} \mid w_i(k) \mid \tag{6.3.4}$$

式中:

$$w_i^1(k) = w_i(k)/\sum_{i=1}^{3} \mid w_i(k) \mid$$

$$w_1(k+1) = w_1(k) + \eta_i u(k)e(k)x_1(k)$$

$$w_2(k+1) = w_2(k) + \eta_p u(k)e(k)x_2(k)$$

$$w_3(k+1) = w_3(k) + \eta_d u(k)e(k)x_3(k)$$

式中:η_i为积分学习速率;η_p为比例学习速率;η_d为微分学习速率。

注意:

(1) K值选择很重要,越大,系统快速性越好,但超调量大;

(2) 被控对象时延较大时,K值必须减小,以保证系统的稳定性。

三、应用及其 Matlab 实现

假定某被控对象为

$$y(k) = 0368y(k-1) + 0.26y(k-2) + 0.10u(k-1) + 0.632u(k-2) + \varepsilon(k)$$

式中:$\varepsilon(k)$为干扰信号;$u(k)$为被控对象的输入信号;$y(k)$为被控对象的输出信号。

在控制过程中,开始加入幅值为 1 的单位阶跃信号;到第 150 个周期,加入幅值为 -20% 的阶跃干扰;在第 300 个周期,干扰消失。

单神经元控制各参数为 $\eta_p = 0.4$,$\eta_i = 0.35$,$\eta_d = 0.4$,K值通过调试确定。

Matlab 程序如下:

clear all

160

```
close all
X = [1 1 1]';
etaP = 0.4;
etaI = 0.35;
etaD = 0.4;
% 随机初始化 Kp,Ki,Kd
wkp1 = 0.1;
wki1 = wkp1;
wkd1 = wkp1;
err1 = 0;
err2 = 0;
y1 = 0;
y2 = y1;
y3 = y1;
u1 = 0;
u2 = u1;
u3 = u1;
ts = 0.001;
for i = 1:1000
  time(i) = i * ts;
  rin(i) = 1;
  if i < 150
    yout(i) = 0.368 * y1 + 0.26 * y2 + 0.1 * u1 + 0.632 * u2;
  elseif i < 300
    yout(i) = 0.368 * y1 + 0.26 * y2 + 0.1 * u1 + 0.632 * u2 - 0.2;
  else
    yout(i) = 0.368 * y1 + 0.26 * y2 + 0.1 * u1 + 0.632 * u2;
  end
  err(i) = rin(i) - yout(i);

% 自适应
m = 4;
if m = = 1
  wkp(i) = wkp1 + etaP * u1 * X(1);          % P
  wki(i) = wki1 + etaI * u1 * X(2);          % I
  wkd(i) = wkd1 + etaI * u1 * X(3);          % D
  K = 0.06;
elseif m = = 2
    wkp(i) = wkp1 + etaP * err(i) * u1;      % P
```

```
        wki(i) = wki1 + etaI * err(i) * u1 ;                            % I
        wkd(i) = wkd1 + etaI * err(i) * u1 ;                            % D
        K = 0. 12 ;
    elseif m = =3
        wkp(i) = wkp1 + etaP * err(i) * u1 * X(1) ;                     % P
        wki(i) = wki1 + etaI * err(i) * u1 * X(2) ; % I
        wkd(i) = wkd1 + etaI * err(i) * u1 * X(3) ; % D
        K = 0. 6 ;
    elseif m = =4
        wkp(i) = wkp1 + etaP * err(i) * u1 * (2 * err(i) - err1) ;      % P
        wki(i) = wki1 + etaI * err(i) * u1 * (2 * err(i) - err1) ;      % I
        wkd(i) = wkd1 + etaI * err(i) * u1 * (2 * err(i) - err1) ;      % D
        K = 0. 51 ;
    end
    X(1) = err(i) ;
    X(2) = err(i) - err1 ;
    X(3) = err(i) - 2 * err1 + err2 ;
    wadd(i) = abs(wkp(i)) + abs(wki(i)) + abs(wkd(i)) ;
    w11(i) = wkp(i)/wadd(i) ;
    w22(i) = wki(i)/wadd(i) ;
    w33(i) = wkd(i)/wadd(i) ;
    W = [ w11(i) w22(i) w33(i) ] ;
    u(i) = u1 + K * W * X ;
    if u(i) > 10
        u(i) = 10 ;
    end
    if u(i) < - 10
        u(i) = - 10 ;
    end
err2 = err1 ;
err1 = err(i) ;
u2 = u1 ;
u1 = u(1) ;
y2 = y1 ;
y1 = yout(i) ;
wkp1 = wkp(i) ;
wkd1 = wkd(i) ;
wki1 = wki(i) ;
end
```

162

```
i = 1:1000;
figure(1)
plot(i, rin, 'r - ', i, yout, 'b. ')
xlabel('Time/s');
ylabel('rin yout');
figure(2)
plot(i, err, 'r')
xlabel('Time/s');
ylabel('Error');
figure(3)
plot(i, u, 'r')
xlabel('Time/s');
ylabel('u');
```

经过选择合适的 K 值,这里为 0.51,运行结果分别如图 6.3.2 ~ 图 6.3.4 所示。

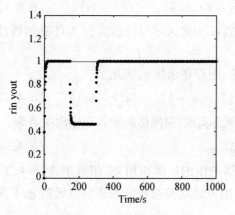

图 6.3.2　系统响应

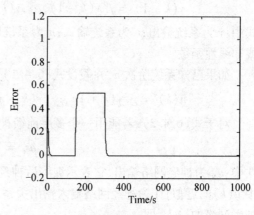

图 6.3.3　偏差

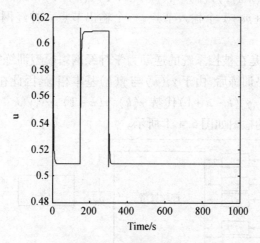

图 6.3.4　控制量变化

第四节　神经网络直接逆模型控制

一、控制思想

直接逆模型控制是最直观的一种神经网络控制方法,其基本思想是假设被控对象可逆,通过离线建模,得到被控对象的逆模型网络,然后再将这一逆模型与被控对象串联起来。

假设被控对象的数学模型为f,且其逆模型f^{-1}存在。理论上,可以直接用f^{-1}作为控制器与被控对象串联,此时,控制器f^{-1}的输入为系统的期望输出r,输出为被控对象的控制量u。在理想情况下,系统的传递函数为$f \cdot f^{-1} = 1$,从而系统的输出$y = r$。

二、控制结构

考虑如下单输入单输出系统

$$y(k+1) = f[y(k-1), \cdots, y(k-n+1), u(k), \cdots, u(k-m)] \qquad (6.4.1)$$

式中:y为系统输出;u为系统输入;n为系统阶数;m为输入信号滞后阶;f为任意的线性或非线性函数。

如果已知系统阶次n,并假设式(6.4.1)可逆,则存在函数g,满足

$$u(k) = g[y(k+1), \cdots, y(k-n+1), u(k-1), \cdots, u(k-m)] \qquad (6.4.2)$$

对于式(6.4.2),若能用一个多层前馈神经网络实现,则网络的输入和输出关系为

$$u_{\mathrm{N}} = \Pi(X) \qquad (6.4.3)$$

式中:u_{N}为神经网络输出,它表示训练后神经网络产生的控制作用,即相当于式(6.4.2)中$u(k)$的近似;Π为神经网络输入输出关系式,用来逼近被控系统的逆模型函数g;X为神经网络的输入,即

$$X = [y(k+1)\,y(k)\cdots y(k-n+1)\,u(k-1)\cdots u(k-m)]^{\mathrm{T}}$$

这样,神经网络共有$n+m+1$个输入节点,一个输出节点。神经网络的隐层节点数根据具体情况确定。

直接逆模型控制,是在被控系统的逆动力学神经网络模型训练完毕后,直接投入控制系统的运行。神经网络训练后,由于$y_d(k)$与$y(k)$基本相等,因此在控制结构中可以直接用$y_d(k), y_d(k-1), \cdots, y_d(k-n+1)$代替$y(k), y(k-1), \cdots, y(k-n+1)$。

直接逆模型控制的框图如图6.4.1所示。

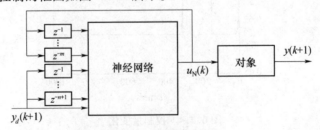

图6.4.1　直接逆模型控制

三、学习方法

众所周知,如果以上逆动力学模型可以用某个神经网络逼近,那么直接逆模型控制的目的在于产生一个期望的控制量,使得在此控制作用下系统的输出为期望输出。为了达到这一目的,只要将神经网络输入向量 X 中的 $y(k+1)$ 用期望的系统输出 $y_d(k+1)$ 代替,就可以通过神经网络 Π 产生期望的控制量 u,即

$$X = [y_d(k+1)y(k)\cdots y(k-n+1)u(k-1)\cdots u(k-m)]^{\mathrm{T}} \qquad (6.4.4)$$

逆神经网络动力学模型的训练结构如图 6.4.2 所示。定义用于训练的偏差函数为

$$E(k) = [u(k) - u_{\mathrm{N}}(k)]^2/2 \qquad (6.4.5)$$

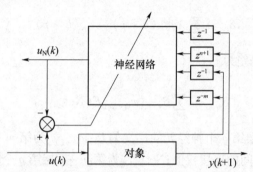

图 6.4.2　直接逆模型控制系统神经网络训练结构

为了实现有效的训练,对于离线训练的神经网络而言,通常采用批处理方式,即取被控系统的实际输入输出数据序列为

$$[(y(k)u(k-1))(y(k-1)u(k-2))\cdots(y(k-n-P+1)u(k-n-P+1))]$$

构成神经网络的输入向量样本集

$$X(k,k) = [y(k+1)y(k)\cdots y(k-n+1)u(k-1)\cdots u(k-m)]^{\mathrm{T}} \qquad (6.4.6)$$

$$X(k,k-1) = [y(k)y(k-1)\cdots y(k-n)u(k-2)\cdots u(k-m-1)]^{\mathrm{T}}$$
$$(6.4.7)$$

$$\vdots$$

$$X(k,k-P) = [y(k-P+1)y(k-P)\cdots y(k-n-P+1)u(k-P-1)$$
$$\cdots u(k-m-P)]^{\mathrm{T}} \qquad (6.4.8)$$

式(6.4.5)的目标函数进一步表示为

$$E(k,P) = \frac{1}{2}\sum_{p=0}^{P-1}\lambda_p[u(k-p) - u_{\mathrm{N}}(k-p)]^2 \qquad (6.4.9)$$

式中:λ_p 为常值系数,类似于系统辨识中的遗忘因子,且有

$$0 \le \lambda_{P-1} \le \lambda_{P-2} \le \cdots \le \lambda_1 \le \lambda_0 \le 1$$

利用式(6.4.9),不难推导出相应的 BP 学习算法。

步骤 1:随机选取初始权系数 W_0,选定学习步长 η、遗忘因子 λ_p 和最大偏差容许值 $E_{\max}$。

步骤2:按式(6.4.6)~式(6.4.8)构成神经网络输入样本。

步骤3:$l\leftarrow0$。

步骤4:$W_{l+1}\leftarrow W_l$,计算神经网络第 k 层第 j 个神经元的输出 $O_{k,j}$ 和神经网络的输出 u_N。

步骤5:计算偏差 $E(k,P) = \dfrac{1}{2}\sum\limits_{p=0}^{P-1}\lambda_p\left[u(k-p) - u_N(k-p)\right]^2$,判断 $E(k,P) < E_{max}$?若是,则训练结束,否则继续下一步。

步骤6:求反向传播偏差。

输出层广义偏差为

$$\delta_j = \sum_{p=0}^{P-1}\lambda_p\left[u(k-p) - u_N(k-p)\right] \tag{6.4.10}$$

第 m 隐含层广义偏差为

$$\delta_{m,j} = \sum_{q=1}^{N_{m+1}}\delta_{m+1,q}w_{m+1,q,j}f'(Net_{m+1,q}) \tag{6.4.11}$$

式中:$\delta_{m+1,q}$ 为第 $m+1$ 层第 q 个神经元的广义偏差;$w_{m+1,q,j}$ 为第 $m+1$ 层第 q 个神经元和第 m 层第 j 个神经元之间的连接权值;$Net_{m+1,q}$ 为第 $m+1$ 层第 q 个神经元的净输入;激活函数为 $f(\cdot)$。

步骤7:调整权系数

$$\Delta w_{m,j,i} = \eta\delta_{m,j}O_{m,j}, w_{m,j,i}(l) \leftarrow w_{m,j,i}(l) + \Delta w_{m,j,i} \tag{6.4.12}$$

步骤8:$l\leftarrow l+1$,转步骤4。

注意:

(1) 直接逆模型控制采用离线设计方法,没有考虑到系统本身的输入和输出状态。因此,一旦系统运行的环境或参数变化时,这类控制器就不再适用。

(2) 直接逆模型控制采用 BP 算法时,需要假设被控对象的期望控制量已知,这在实际系统中往往难以实现。

(3) 直接逆模型控制是开环控制,对逆模型偏差和干扰等十分敏感,鲁棒性较差,仅适用于比较简单的场合。

四、改进的直接逆模型控制

针对上述逆模型控制方法存在的不足,人们提出了许多改进措施,如直接网络控制。

算法思想是,在神经网络的输入端引入系统的输出信号,并在线调整神经网络控制器的连接权值。通过系统输入和输出信号的馈入,大大提高系统的自适应能力。

考虑如下控制系统:

$$y(k+1) = \frac{y(k)y(k-1)y(k-2)u(k-1)\left[y(k-1) - 1\right] + u(k)}{1 + y^3(k-1) + y^2(k-2)}$$

$$\tag{6.4.13}$$

直接神经网络控制结构如图 6.4.3 所示。

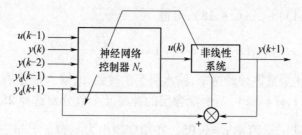

图 6.4.3 直接神经网络控制结构

根据控制性能,选择目标函数为

$$E = \sum E_p = \frac{1}{2} \sum \left[y_d(k) - y(k) \right]^2 \qquad (6.4.14)$$

神经网络选用多层前馈神经网络,并假设各层神经元的激活函数均为 Sigmoid 函数,则学习规则可归结为

$$w_{l,j,i}(k+1) = w_{l,j,i}(k) - \eta \frac{\partial E}{\partial w_{l,j,i}}$$

根据式(6.4.13),则上式可表示为

$$w_{l,j,i}(k+1) = w_{l,j,i}(k) - \eta \sum_{p=1}^{P} \frac{\partial E_p}{\partial y} \frac{\partial y}{\partial u_p} \frac{\partial u_p}{\partial w_{l,j,i}} \qquad (6.4.15)$$

对于 $\dfrac{\partial u_p}{\partial w_{l,j,i}}$,有

$$\frac{\partial u_p}{\partial w_{l,j,i}} = \frac{\partial u_p}{\partial u_{l,j}} \frac{\partial u_{l,j}}{\partial w_{l,j,i}} \qquad (6.4.16)$$

式中:u_p 为第 p 个样本输入时,神经网络的输出,即被控对象的控制量;$u_{l,j}$ 为第 l 层第 j 个神经元的输出,即 $u_{l,j} = f\left[\sum\limits_{i=0}^{N_{l-1}} w_{l,j,i} u_{l-1,i} \right]$。

对于式(6.4.16)的第二项,有

$$\frac{\partial u_{l,j}}{\partial w_{l,j,i}} = f'\left[\sum_{i=0}^{N_{l-1}} w_{l,j,i} u_{l-1,i} \right] u_{l-1,i} \qquad (6.4.17)$$

对于式(6.4.16)的第一项,我们仍设 $\delta_{p,l,j} = -\dfrac{\partial u_p}{\partial u_{l,j}}$ 为广义偏差,有

$$\delta_{p,l,j} = -\sum_{m=1}^{N_{l+1}} \frac{\partial u_p}{\partial u_{l+1,m}} \frac{\partial u_{l+1,m}}{\partial u_{l,j}} = \sum_{m=1}^{N_{l+1}} \delta_{p,l+1} f'\left[\sum_{i=0}^{N_l} w_{l+1,m,i} u_{l-1,i} \right] w_{l+1,j,i} \qquad (6.4.18)$$

输出层广义偏差 $\delta_{p,L,j} = 1$,根据式(6.4.18),可得到各层的广义偏差。

由式(6.4.13)所述的系统模型,有

$$\frac{\partial E_p}{\partial y} \frac{\partial y}{\partial u_p} = -\left[y_d(k) - y(k) \right] \frac{\mathrm{d}y(k)}{\mathrm{d}u(k-1)}$$

$$= -\left[y_d(k) - y(k) \right] \frac{1}{1 + y^3(k-1) + y^2(k-2)}$$

进一步,由式(6.4.15)~式(6.4.18),可得

$$w_{l,j,i}(k+1) = w_{l,j,i}(k) + \eta \sum_{p=1}^{P} \frac{\partial E_p}{\partial y} \frac{\partial y}{\partial u_p} \delta_{p,l,j}$$

实现时,选择 4 层前馈神经网络,输入层 5 个神经元,输入量分别为 $u(k-1)$,$y(k)$,$y_d(k-1)$,$y_d(k+1)$,$y(k-2)$,两个隐含层的神经元个数分别选择 25 和 12,输出层一个神经元,输出控制量 u,学习率 $\eta = 0.05$。在期望输出为 $y_d(k) = \sin\frac{2\pi k}{100} + 0.2\sin\frac{6\pi k}{100}$ 时,经过 100 次在线学习和训练后,均方偏差已经小于 0.005。

注意:

(1) 直接网络控制法解决了神经网络控制的学习问题,对系统的自适应、自学习能力有显著的提高。

(2) 根据上述学习算法的推导过程,需要系统的 Jacobian 矩阵 dy/du。显然,这一要求对大多数复杂系统或未知系统而言是无法满足的。

为了克服上述缺陷,许多专家学者提出了各种不同的方法。归结起来,主要有以下 4 种:

(1) 摄动法。用 $\frac{\Delta y_i}{\Delta u_i}$ 代替 $\frac{\partial y_i}{\partial u_i}$。这虽然是一种近似的计算方法,但在采样间隔比较短的情况下还是可行的。

(2) 符号函数法。采用符号函数 $\mathrm{sgn}\left(\frac{y_i}{u_i}\right)$ 代替 $\frac{\partial y_i}{\partial u_i}$,这种方法比摄动法更为简单且实用。因为,对于大多数系统而言,系统的输出变化随输入变化的趋势是容易知道的。采用符号函数代替 Jacobian 矩阵函数既能保持神经网络学习算法的稳定性,又具有计算简单、在已知条件较少情况下系统也能控制的优点。

(3) 前向神经网络模型法。采用另一个神经网络模拟系统的动力学模型,并利用它得到系统的 Jacobian 矩阵 dy/du 信息,从而实现神经网络控制的学习。

(4) 多网络自学习控制法。采用神经网络逆动力学模型产生系统的期望控制信号,从而解决神经网络控制器的导师信号问题,实现神经网络控制器的学习。

习题和思考题

6-1 神经网络用作系统辨识器的优点有哪些?

6-2 单神经元 PID 自适应控制器存在哪些不足? 与哪些因素有关?

6-3 设计两个神经网络,分别辨识非线性未知的离散时间动态系统,假定"未知"系统由下式描述

$$y(k+1) = \frac{0.8y(k) + u(k)}{1 + y^2(k)}$$

$$y(k+1) = \frac{u(k)y(k)}{1 + y^2(k)} + u^3(k)$$

式中:$y(k)$是响应;$u(k)$是激励。

考虑两种方案:

(1) 未知系统的输出 $y(k)$ 作为网络输入;

(2) 将神经网络的输出 $\hat{y}(k)$ 作为网络输入。

6 - 4 已知一个非线性系统由一个神经网络和一个非线性系统串联而成,如下图所示。图中,线性系统的传递函数 $W(Z)$ 已知。试推导神经网络控制器 NN 的学习算法。

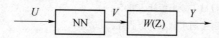

参 考 文 献

[1] 韦巍. 智能控制技术. 北京:机械工业出版社, 2005.

[2] 蔡自兴. 智能控制导论. 北京:中国水利水电出版社, 2007.

[3] 李人厚. 智能控制理论和方法. 西安:西安电子科技大学出版社, 1999.

[4] 李士勇. 模糊控制. 神经控制和智能控制论. 哈尔滨:哈尔滨工业大学出版社, 1998.

[5] 孙增圻, 张再兴. 智能控制的理论与技术. 控制与决策, 1996, 11(1):1-8.

[6] 李浚泉. 智能控制发展过程综述. 工业控制计算机, 1999, 3:30-34.

[7] 谢克明. 现代控制理论基础. 北京:北京工业大学出版社, 2003.

[8] 刘豹. 现代控制理论. 北京:机械工业出版社, 1983.

[9] 吴可. 模糊数学的产生、发展和应用. 科技信息, 2007, 29:215.

[10] 张青贵. 人工神经网络导论. 北京:中国水利水电出版社, 2004.

[11] 刘金琨. 智能控制. 北京:电子工业出版社, 2009.

[12] 师黎, 陈铁军, 李晓媛, 等. 智能控制理论及应用. 北京:清华大学出版社, 2009.

[13] 李少远, 王景成. 智能控制. 北京:机械工业出版社, 2009.

[14] 师黎, 陈铁军, 李晓媛, 等. 智能控制实验与综合设计指导. 北京:清华大学出版社, 2009.

[15] 韩立群. 智能控制理论及应用. 北京:机械工业出版社, 2008.

[16] 冯天瑾. 计算智能与科学配方. 北京:科学出版社, 2008.

[17] 王耀南, 孙炜, 等. 智能控制理论及应用. 北京:机械工业出版社, 2008.

[18] 李国勇. 神经模糊控制理论及应用. 北京:电子工业出版社, 2009.

[19] 冯天瑾. 智能学简史. 北京:科学出版社, 2007.